中国大屋顶

Traditional Chinese Roof

魏克晶 著

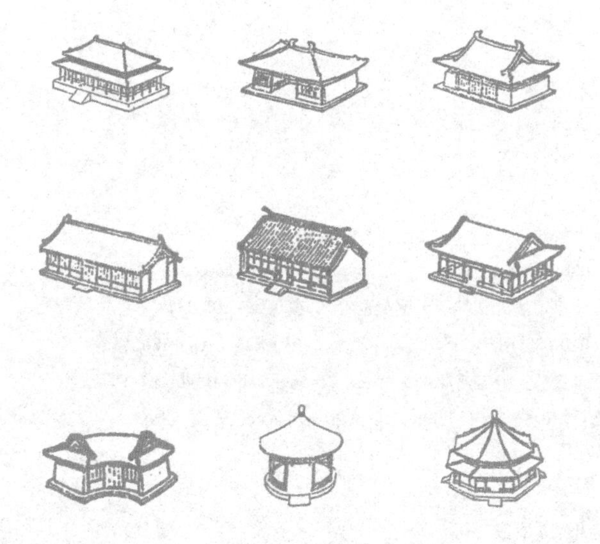

清華大學出版社
北京

图书在版编目（CIP）数据

中国大屋顶/魏克晶著．—北京：清华大学出版社，2018
ISBN 978-7-302-49777-6

Ⅰ.①中… Ⅱ.①魏… Ⅲ.①古建筑－屋顶－建筑艺术－中国 Ⅳ.①TU-092.2

中国版本图书馆CIP数据核字（2018）第037119号

责任编辑：徐 颖
装帧设计：彩奇风
责任校对：王凤芝
责任印制：杨 艳

出版发行：清华大学出版社
网 址：http://www.tup.com.cn, http://www.wqbook.com
地 址：北京清华大学学研大厦A座 邮 编：100084
社总机：010-62770175 邮 购：010-62786544
投稿与读者服务：010-62776969, c-service@tup.tsinghua.edu.cn
质量反馈：010-62772015, zhiliang@tup.tsinghua.edu.cn

印装者：小森印刷（北京）有限公司
经 销：全国新华书店
开 本：165mm×230mm 印 张：15 字 数：209千字
版 次：2018年4月第1版 印 次：2018年4月第1次印刷
印 数：1~3500
定 价：78.00元

产品编号：077284-01

目 录

前言

屋顶，又称屋盖，是房屋建筑的冠冕。

屋顶就像人们戴的帽子。帽子有凉帽、暖帽、便帽、礼帽、官帽和军帽等不同式样。戴帽子是人们的生活需要：凉帽可以遮阳荫凉，暖帽可以御寒保暖。日常出行戴便帽，出席礼仪戴礼帽。帽子还是人们社会身份的标志。古代官帽是分等级的。如清代官员的暖帽，以顶珠划分：一品为红宝石，二品为珊瑚，三品为蓝宝石，四品为青金，五品为水晶。现代军帽分得更细了：陆、海、空三军，从士兵到将军，各戴不同军种的帽子。古代有一种叫“冕”的帽子，最初是帝王、诸侯、卿、大夫戴的礼帽。后来成为皇帝专用，又称皇冠。屋顶也是这样，由于地域、时代和等级不同，形式、类型多种多样。古代欧洲的希腊、罗马，非洲的埃及，多用石头垒砌宫殿和教堂。门窗砌成圆券或尖拱，屋顶建成半球穹顶或锥形尖顶。中国远古时代黄河、长江流域森林茂密，多用木材构筑房屋。屋顶修成两坡顶或四坡顶。屋面用茅草或草泥。西周发明了砖瓦，南北朝时期出现琉璃瓦。唐、宋以后，皇家和寺庙屋顶建筑多铺装琉璃瓦，其屋顶又高又大，大约为殿堂高矮的三分之一。

北京天坛祈年殿

20世纪中叶，人们习惯将中国古代建筑的大坡顶称作“大屋顶”。大屋顶是中国古代建筑最显著的特征。大屋顶不仅高大，还有深的出檐和曲线柔和的屋面。欧美的别墅也用坡顶，铺红瓦，屋面是斜直线，出檐很短。有的还把檐口遮挡住，外砌“女儿墙”。这种红瓦斜直坡顶是小洋楼的特征。大屋顶还有优美的“反宇”和起翘。宇是房檐，本来是斜向下方的，将檐口反方向抬高一点，就是“反宇”。“反宇”是木结构建筑的需要，是必须要做的。木结构建筑的构架用材是木材，木柱最怕潮湿和雨淋。除了加高台基之外，就要把房檐伸得远一些，防止雨水淋湿根柱。但是伸很远就会压得太低，就像有人戴帽子，把帽檐拉下来压在眉毛上，就会遮挡视线。“反宇”的做法其实很简单：在檐椽上加一排飞椽，把檐口抬高就行了。这样可以缓冲雨水的流速，顺势流成一个抛物线，把雨水抛得远一点。还有一个重要效果是扩大室内的采光和通风。起翘的原理同“反宇”一样。因为是在檐角，负荷量大，构件尺寸就要加大，檐椽和飞椽变成老角梁和仔角梁，檐角就抬高了很多，形成了起翘。我国南方的楼阁把檐角的仔角梁改成一根“嫩戗”，成为高角度上翘的檐角，轻盈舒展，如翼如飞。国外也有大屋盖的房屋。如德国南部有一种草屋和木瓦房，屋盖也是四坡顶，屋盖占屋高的二分之一，由于没有“反宇”和起翘，屋面是斜直向下的，显得沉闷压抑。我国大屋顶的装饰在世界建筑中也是独树一帜的。这种装饰可以概括为形与色两个方面。

形是造型，建筑是空间艺术，注重空间形态。大屋顶的形态多样。有两坡人字形的悬山顶和硬山顶，有四面坡的庑殿顶，有在四坡上加两坡的歇山顶，有四坡加平顶的盝顶，有半圆形的穹窿顶，有圆圈顶，有三角、四角、六角、八角和圆形的攒尖顶，以及类似将军盔胄的盔顶等。

色彩方面，国外砖石建筑颜色比较单一。我国大屋顶屋面用材丰富，色彩多样。除草、木、竹、瓦本色之外，还用金属瓦顶，是用铜、铁仿铸成瓦片铺装。琉璃瓦的釉色有黄、绿、青（蓝）、红、紫、翠、黑、白多

北京景山五亭之一

天津盘山牌楼檐角

云南民居屋檐仰视

天津小洋楼坡顶

天津小洋楼山墙

北京颐和园佛香阁近景

江南水乡民居

种颜色。北方的宫殿、寺庙多用白色的台基，红色的木柱围墙，黄色或绿色的琉璃瓦，与蓝天白云相映生辉。南方的园林、民居多用白墙黛瓦，融合在青山绿水之中，好似一幅淡雅的水墨画卷。广东、福建和台湾地区，采用彩塑和陶瓷镶嵌方法，在屋脊上塑造众多的戏剧人物，更显得五彩斑斓，令人目不暇接。

广州陈家祠堂脊饰

广州陈家祠堂首进正厅正脊脊饰

大屋顶的装饰，最奇妙的是屋脊和兽。屋脊是坡顶建筑的功能需要。屋面的两坡相交之处，接缝最容易漏雨。于是就在接缝上加盖一层或几层板瓦，形成了高凸的屋脊。屋脊两端外露瓦茬子不大美观，要用一个物件封护。什么物件好呢？木构建筑最怕着火。古代传说，东海的鱼虬，尾似鸱，可激浪降雨。因此“鸱尾”就最先上了屋脊。从汉代开始至清代，历经两千年的演变，鸱尾由贴在脊端，到张嘴吞脊。宋代叫作鸱吻，明、清时代完全变成了龙吻。龙背上还插一个剑把，把龙定住。明代剑把是斜插的，清代是垂直的。龙眼也有变化，明代的龙眼直视前方，非常专注。清代龙眼斜视，注意力已经分散了。这是鉴定明、清龙吻年代的一个窍门。四个檐角上为什么蹲着一溜小兽呢？因为角脊的脊瓦最容易向下滑落，要在脊瓦上钉铁钉固定。铁钉经风吹雨淋容易生锈，更换起来很麻烦。后来就用一个物件盖住铁钉。于是就选用了龙、凤、狮子、天马、海马等一溜小兽。先是出于美观的目的，后来人们就赋予了它们不同的使命，让它们各尽其责，为的是消灾送福、保佑平安。最前边还有仙人骑凤，这里边蕴含着许多传说故事。在最外边的檐口上还有一排小圆帽，这是因为檐口的勾头瓦在瓦陇的推力下容易掉下来，要在瓦头上用铁钉把它固定住，同保护背瓦的钉

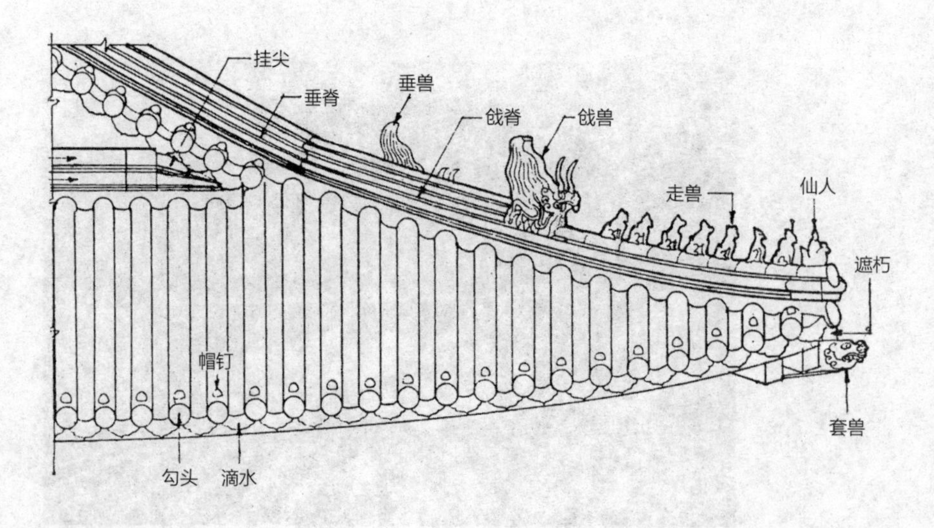

屋顶脊饰图

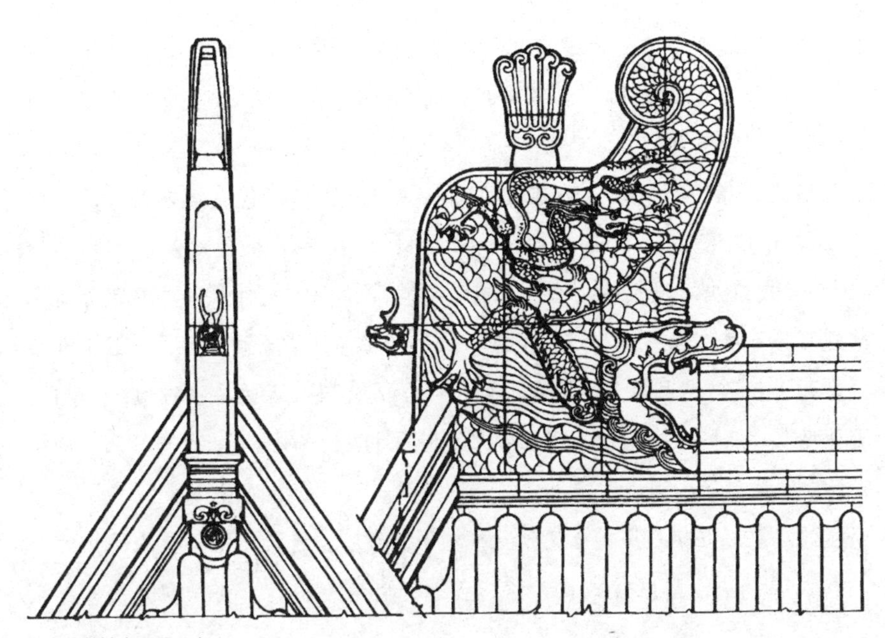

北京紫禁城太和殿正吻

天津玉皇阁阁顶

子一样，这个钉帽也要用半圆形的瓦件作封护。这样一个接一个并排的半圆形钉帽，随着房檐的曲线在“飞动”，自然就形成了一道美丽的风景线。

大屋顶在营造方面，有官式、民间之分，大式、小式之别。北方和南方还有着迥异的风格。

官式是指按朝廷官方公布的标准样式作法，如宋代有官方发布的《营造法式》，清代有清工部《工程做法则例》，也就是现代建筑的“部颁标准”。官式做法对建筑的类型、体量、开间、梁架、构件尺寸和颜色都有严格规定，不得逾规越矩。如明代规定：“一品二品厅堂五间九架，三品至五品厅堂五间七架，六品至九品厅堂三间七架，不许在宅前后左右多占地，构亭馆，开池塘”，“庶民庐舍不过三间五架，不许用斗栱，饰彩色”。这里“间”的概念不是一间房子，而是四根木柱围合的空间。三间是指面阔三间。“架”是指房屋的进深，五架是房梁上架了五根檩子，架数多进深大则房屋的面积大。

民间做法，则以官式作参考，各地都有地方特色。还以吻兽为例，清

苏州民居瓦顶

代正脊的官式龙吻，龙尾卷很紧、很实。民间寺庙龙吻的龙尾松散，有的是空透的，龙尾两侧的鳍，雕刻成连续的三角形，与官式的差别十分明显。南方的一些地区，干脆不用龙吻，而用当地喜爱的鱼形吻。

大式、小式的区别：木构架带斗栱为大式，不带斗栱是小式；屋顶带吻兽是大式，不带吻兽是小式。官家的殿堂，可以用大式或小式做法。民间盖房只能用小式作法。而民间修庙，大式、小式做法都可以。

我国北方、南方的气温差别很大。北方冬季寒冷，为御寒保暖，屋顶厚重，要在椽子上铺望板，抹 20 至 30 厘米的泥背，再宼瓦、挑脊。南方常年温湿，屋顶很少用泥背，有的连望板都不铺，把瓦片直接架在椽子上。晴天的时候，用竹竿把瓦片挑到一边，可以从屋顶上透气通风。

大屋顶承载着中华五千年的历史，给世人留下了一份珍贵、厚重的文化遗产。

类 | 型 | 篇

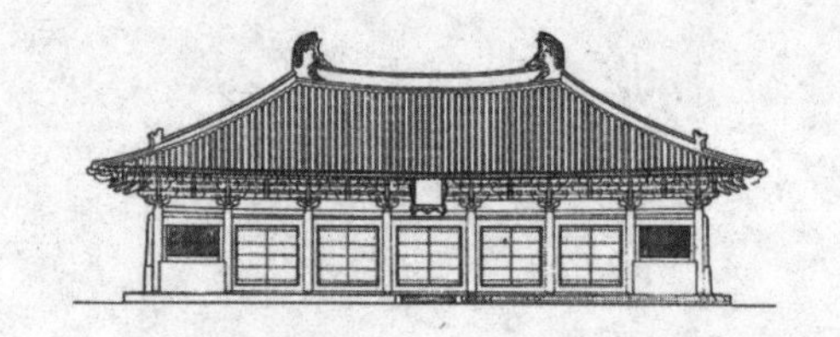

大屋顶的类型可分为三大类，几十种式样。三大类即单体类、组合类及其他类。在单体建筑中，最常见的是庑殿顶、歇山顶、悬山顶、卷棚顶、硬山顶、攒尖顶六种。盝顶、盔顶、穹窿顶等比较少见。有的建筑，如寺庙、楼阁等大型公共建筑，为扩大使用面积，或使建筑造型更加壮美，往往采用组合顶的形式。有在平面上把几个顶子连起来，称“勾连搭”；有的在立面上将几个顶子叠加，叫立面组合；还有的在平面加上立面组合，如历史

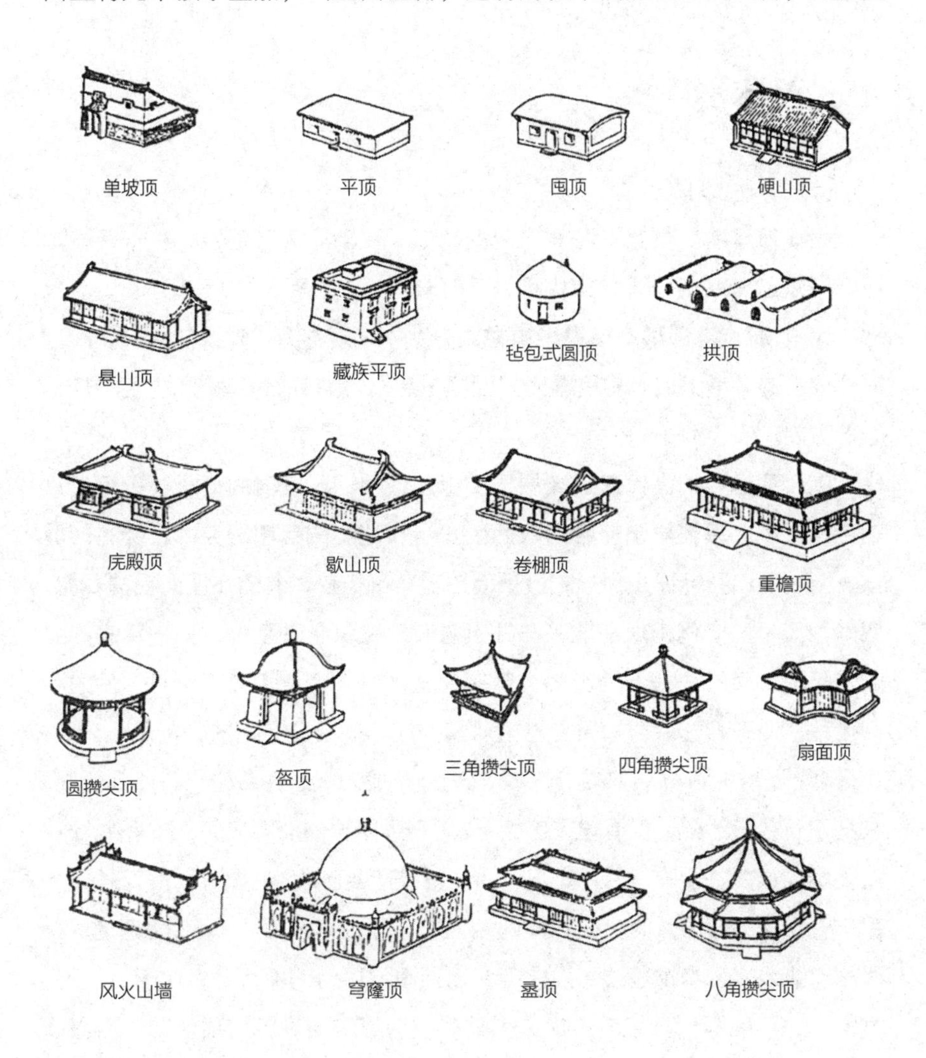

中国古建筑屋顶——单体式样图

名楼黄鹤楼。此外，在房屋建筑使用大屋顶的同时，古塔、牌楼和桥梁有时候也会使用大屋顶。特别是桥梁，本来是过河的通道，有的在桥上加盖大屋顶的亭子、廊子和房子。例如，河北井陉苍岩山的两山之间，飞架一座石拱桥，桥上修建了一座佛殿，称“桥楼殿”。山峡修桥建殿，既可通行又可敬佛，可谓天下奇观。桥，由通行功能增加为多功能，外形也更加美观了。

一、单体类

（一）庑殿顶

庑殿顶是前后左右有四面斜坡的屋顶。屋顶有一条正脊，正脊两端向四个檐角连有四条垂脊。宋代称为“五脊殿”“吴殿”和“四阿顶”，清代称“庑殿顶”。庑殿顶有单檐、重檐之分。中国现存有关建筑的古籍，战国时代成书的《考工记》称重檐为“四阿重屋”，后来成为皇家和重要寺庙的至尊古制。

庑殿顶是中国古代建筑大屋顶中出现最早、延续时间最长、等级最高的屋顶类型。早在原始社会的陕西西安半坡遗址的复原研究中，就有四坡顶、两坡顶和圆锥顶几种形式。顶面覆盖草或树皮，有的在屋面上抹草泥。四阿顶最早的实例出现在北齐石柱上。石柱是早年的墓标，又称墓表。立于帝陵前称陵标。柱上的石牌上简刻死者姓名、官位和葬卒年月，后为墓碑代替。北齐石柱原为木质，建于北魏永安年间。北齐太宁二年（562 年）皇帝降旨，易木为石，并刻“颂文”于柱上，成为纪念性石柱。石柱分柱础、柱身和石屋三部分。石屋建在盖板上，为石雕殿屋。面阔三间，中间刻佛像，两侧雕窗棂，柱上有角梁、檐椽，单檐五脊四阿顶。正脊短，垂脊长，是早年五脊殿的做法。清代正脊向两端推长，称为“推山”。屋面雕瓦垄，滴水刻双弧线，瓦当饰莲纹，为北齐四阿顶殿堂可贵的模型。唐代明文规定，宫殿一律用庑殿顶。直至清代，庑殿顶成为等级最高的屋顶形式。而重檐庑殿顶，可以说是超规格的，给人以重檐巍峨、庄重崇高之感。

北齐石柱

北齐石柱

中国现存重檐庑殿顶建筑近 20 座。主要分布在宫殿、城楼、孔庙、岳庙等建筑群内。

北京紫禁城，是重檐和单檐庑殿顶建筑聚集之地，为明代十四帝、清代十帝的皇宫，故称“故宫”。古人认为，紫微星垣位于中天，众星环绕，永恒不变，天帝在此建紫宫居住，名曰“紫微正中”。地上的皇帝应与天帝一样，驻地修建紫宫城垣，又为人间禁地，故名。城内宫殿于明永乐四年（1406 年）始建，永乐十八年（1420 年）建成，占地 72 万平方米。宫城内房屋九千多间，如按一个人在每间房内住一夜，则需用 25 年时间才能住遍每个房屋。宫殿布局分外朝和内廷两大部分。外朝在前，也称“前朝”，以太和殿、中和殿、保和殿三大殿为中心，东、西两翼为文华殿和武英殿，是皇帝举行重大典礼、召见群臣和发布命令的殿堂。内廷又称“后寝”，中央修建乾清宫、交泰殿、坤宁宫，最北面是御花园。两侧是东六宫和西六官，是皇帝处理日常政务，与后妃和皇子们居住、游憩之地。

太和殿在紫禁城的中心，俗称“金銮殿”，是明、清两代二十四位皇帝登基、寿辰、大婚、册立皇后、举行大典的殿堂。明永乐十八年（1420 年）

北京紫禁城三大殿鸟瞰

建后遭雷火焚毁，现存建筑为清康熙三十四年（1695 年）重建。殿面阔十一间，63.93 米，进深五间，37.17 米，高 35.05 米，是中国古代建筑中开间最多、进深最大、屋顶最高的木结构殿宇。太和殿殿顶为黄琉璃重檐庑殿式，是最尊贵的屋顶形式。正脊两端的龙吻高 3.4 米，由 13 块琉璃瓦拼成，是中国大屋顶上最大的吻兽。四条垂脊下端安装仙人骑凤、龙、凤、狮子、天马、海马等10 枚脊兽，也是独一无二的。皇帝自命为“真龙天子”，太和殿上下左右都用龙来装饰：屋顶上站着龙，顶棚天花上用彩画绘龙，木柱上是沥粉贴金龙，汉白玉台基上是石刻雕龙。据文物专家统计，太和殿内外以不同形式出现的龙有 13 844 条之多。大殿台基高 8.13 米，上中下三层，每层栏杆下都有石雕龙螭首排水嘴，共计 1142 个。雨天时，上千个龙头同时上下泄水，如同千座喷泉，非常壮观。

紫禁城内的重檐庑殿宫殿还有：

乾清宫：后三宫的主殿，皇帝的寝宫。

坤宁宫：后三宫之一，明代皇后的寝宫。

皇极殿：在东路，太上皇乾隆居此。

北京紫禁城太和殿

北京紫禁城乾清宫

奉先殿：内廷东侧，为明、清皇室祭祀祖先的家庙。

紫禁城的南门和北门城楼屋顶是重檐庑殿顶。

南门为正门，又称“午门”。城台高出城垣2米，平面呈“冂”形，突出城外，台上建楼5座，俗称“五凤楼”。正中是主楼，重檐庑殿黄琉璃瓦顶。两侧各建二楼为重檐攒尖顶。主楼左右有钟鼓亭。清代每年颁历书仪式在午门举行。每逢皇帝主持大典时，午门钟鼓齐鸣，以示威严。

北京紫禁城午门

北门原名“玄武门”，清康熙帝名玄烨，避讳“玄”字，改称“神武门”。重檐庑殿黄瓦檐下高悬华带匾，额书满、汉文“神武门”三个大字。城台正中门额镶嵌“故宫博物院”石匾，是1925年将紫禁城辟为故宫博物院的标牌。原匾为故宫博物院元老李煜瀛先生手书，1971年改用郭沫若字迹重新刻制，悬挂至今。

北京紫禁城神武门

紫禁城外的重檐庑殿黄琉璃瓦顶建筑还有：

北京太庙大殿。太庙在紫禁城东侧，是明、清皇家的祖庙。大殿的屋顶形式，开间布局和台基、装饰等均与太和殿相同，是历代天子表孝道、重尊

北京太庙大殿

祖、建宗庙思想的集中体现。

北京历代帝王庙俗称帝王庙，在北京西城区阜成门内大街，是明、清两代祭祀历代帝王的庙堂。正殿称景德崇圣殿，重檐庑殿顶，原为绿琉璃瓦，乾隆年间改为黄瓦。殿内辟 11 龛，供历代帝王牌位。

北京明长陵祾恩殿。明长陵在北京城北 45 公里天寿山麓，是明十三陵中建陵最早、规模最大、等级最高的一座。为祭祀明成祖永乐皇帝朱棣的享殿。明嘉靖年间以感恩受福之意，定名祾恩殿。殿建在高 3.21 米的汉白玉三重台基之上，规制与太和殿相同。殿内 60 根立柱，全部用金丝楠木制成，不施彩绘，浑厚古朴。明间 4 根最大的柱子，直径 1.17 米，高 13 米，为整根名贵的楠木制成，进入殿堂，香气袭人。虽历经 590 多年，至今完好无损。

北京孔庙位于安定门内国子监街。是元、明、清三代祭祀孔子的地方。始建于元大德年间，明清重建大修。庙门外左右两侧路边各立下马碑一块。碑文用满、汉、蒙、回、藏和托忒六种文体镌刻“官员人等至此下马”。大殿称“大成殿”，为宋徽宗赵佶尊崇孔子“集古圣先贤之大成”之意命名后，全国各地孔庙大殿的通称。大成殿取九五间数，重檐庑殿黄瓦顶，为最高等级的建筑。

苏州文庙大成殿

苏州文庙在江苏省苏州市人民路三元坊。始建于宋代，为北宋政治家范仲淹任苏州郡守时所建。范仲淹为培养人才，将府学（官办府级学堂）与文庙合在一起，此后许多州、县文庙均采用庙学合一的形制。大成殿为南方殿式风格，正脊砌透空花饰，屋角飞翘，重檐庑殿顶，为江南少见的重檐庑殿顶建筑。

岳庙。“岳”是高大的山之意，如五岳的泰山、华山、恒山、嵩山和衡山。岳庙是祭祀山神的大庙。中国远古时代，先民们有一种对冥冥大山的崇拜观念。汉代形成对五岳的祭祀。祭祀大典由皇帝亲自主持，或派遣大臣代祭。因此，岳庙修建得规模大、等级高。

岱庙。“岱”是泰山的别称，在山东省泰安市，又称“东岳庙”。岱庙是历代帝王祭祀泰山神和举行封禅大典的庙宇。大殿称天贶殿，为重檐四阿黄琉璃顶。殿前东、西两侧为御碑亭，亭内竖立乾隆帝登岱祀祭诗，是研究封禅告祭的重要史料。

中岳庙在河南登封。建庙以前有太室祠，始建于秦代。庙为唐初始建，宋代增修，清乾隆年间大修。大殿称“峻极殿”，面阔九间，进深五间，重檐五脊黄琉璃瓦顶，和玺彩画，等级仅次于北京太和殿。

北岳庙在河北省曲阳，正殿称“德宁之殿”，重檐庑殿顶，青瓦顶绿琉璃剪边。

河北曲阳北岳庙

寺庙建筑采用重檐庑殿顶很少见，北京潭柘寺内有一例。

潭柘寺在北京西郊门头沟潭柘山，因山上有龙潭、古柘树，故名。相传创建于西晋，迄今已有一千多年历史，后经唐、宋、元、明、清各代扩建、重修，成为京郊年代最悠久、规模最大，等级最高的寺庙。该寺依山势而建，主要建筑分中路、西路和东路三部分。中路自南向北有石坊、石桥、山门、天王殿、大雄宝殿、毗卢阁等。大雄宝殿为全寺的主体建筑，重檐庑殿顶,黄琉璃瓦绿剪边。正脊两端的琉璃龙吻高2.9米,尚具明代风格。殿内供奉释迦牟尼像，两侧为阿难、迦叶尊者。西路设戒坛，是和尚受戒的地方。东路辟有清帝行宫院,北有寝宫,又称“万岁宫”,至今保留着“乾隆宝座”；中建流杯亭，依汉魏“曲水流觞”修筑；南为太后宫。大雄宝殿屋顶提高规格，当与行宫有关。

单檐庑殿顶的数量比重檐庑殿顶多。

北京紫禁城内有景阳宫，单檐庑殿顶，是东六宫之一，原为明代嫔妃居住之处，后改为收贮图书之地；咸福宫，单檐庑殿顶，是西六宫之一，与景阳宫东、西相对，为后妃居住之地；英华殿，单檐庑殿顶，在内廷外西路，是明清皇太后、太妃、太嫔礼佛的殿堂，等等。

紫禁城外的皇史宬，也是单檐庑殿黄琉璃瓦顶。

皇史宬在北京天安门东侧南池子大街。建于明嘉靖十五年（1536年），初名神御阁，后更名为皇史宬，是中国保存最完整的古代皇家档案库。大殿以“石室金匮”之意，全部以砖石材料修建。砖砌墙体厚达5米。梁柱、枋檩、斗栱、门窗全部采用石质构件。五座券门安装石门，每扇石门宽厚，重12吨。殿内设对开的石窗，以便通风。地面放置汉白玉石座，石座上安放铜质镀金雕龙皮大柜，柜内珍藏皇家档案。皇史宬在中国古代建筑防火、防水、防湿、抗震方面都有独到之处。

单檐庑殿顶多用在重要寺庙。

佛光寺在山西省五台山的佛光山腰，创建于北魏孝文帝年间，后毁于唐会昌“武宗灭法”。大殿于唐大中十一年（857年）重建,以拥有唐代塑像、壁画、墨迹和建筑艺术“四绝”而著称。殿呈长方形,面阔七间,进深四间,单檐青瓦四阿顶。是中国现存年代最早的木结构四阿大顶。

独乐寺在天津市蓟县城西门内。寺内主体建筑山门和观音阁为辽统和二年（984年）重建，是研究中国木结构建筑的代表作。山门为寺之大门，中间为穿堂过道，两侧分立金刚力士彩塑，俗称“哼哈二将”。殿堂外檐木柱微向内独乐寺山门收，角柱较平柱高，称作“侧脚”和“升起”，斗栱硕大简洁，均为唐辽建筑时代特征。屋顶出檐深远，屋面和缓微曲，作五脊

天津蓟县独乐寺山门

山西大同善化寺

四坡形，是中国现存最古老的四阿大顶山门。正脊两端的鸱吻，亦为中国大屋顶上最早的吻兽实物。

善化寺在山西省大同市西南区。唐开元年间始建，辽毁于兵火，金天会至皇统年重建。主体建筑排列在南北中轴线上。前为山门，中有三圣殿，后为大雄宝殿，均为单檐四阿顶。是古代四阿五脊顶集中展示的寺庙。

（二）悬山顶

悬山顶是前后两面坡的屋顶，因两坡屋檐内的檩头挑悬在山墙之外，故名“悬山”，又称“挑山”。

悬山顶有一条正脊和四条垂脊，也是五条脊。但不能称五脊殿，只有四面坡五条脊的庑殿顶才可叫五脊殿，此为宋代以来的称谓。悬山顶的形式，在原始社会的西安半坡遗址中已有发现。但等级不高，重要建筑一般不用悬山顶。多用在寺庙的配殿、民居和垂花门楼。

山西五台山的文殊殿和东岳庙大齐殿是两座金代的悬山顶殿宇。

文殊殿在山西省五台山佛光寺前院，金天会十五年（1137 年）建。殿面阔七间，进深四间，单檐青瓦悬山顶，是中国古代建筑悬山顶中年代较早的实例。檐下斗栱制作精巧，斜栱与 90° 角的直栱交织，犹如盛开的花朵；殿内的内额之间用斜枋传递荷载，类似现代的“人”字柁架，均为早年罕见的木构件。

大齐殿在山西晋城市高都镇东岳庙内。东岳庙，俗称“东大寺”，现存山门、东西廊庑、大齐殿、藏经阁及两侧垛殿等。其中大齐殿为金大定年（1161—1189 年）创建，因殿内供奉齐天大帝，故名。殿面阔三间，前出月台抱厦，单檐悬山顶，青瓦三彩琉璃剪边。殿内塑像和木刻、石雕做工精细，堪称金代装饰的上品佳作。

明清悬山顶的山墙有两种形式：一是山头砌出三角形的山尖；二是阶梯五级，称作“五花山墙”。京、津地区大四合院流行悬山顶垂花门。

石家大院位于天津杨柳青镇，它有三座垂花门。石家为天津富商八大家之一。石家大院以贯通南北的箭道为交通线，沟通东、西两套四合院，天津地方称为“四合套”，东院为住宅院，西院设接待、戏楼和佛堂。其中一座垂花门在佛堂对面，南连抄手院和戏楼。门分为前、中、后三段：前段挑悬出一个带垂柱的花罩，柱头圆雕成倒垂的莲花，两垂柱间横向置刻花的额枋、雀替和三幅云，枋上装三块镂空花板，再上施大额枋承托斗栱和出檐。中间两侧竖木颊，外侧嵌入砖墙，内侧安装双扇板门，门前置抱鼓石。后部与院内回廊相连，后檐柱即为廊柱，柱间设四扇屏门。因板门

天津石家大院西洋门楼

天津石家大院垂花门上部

外上部挑悬着雕花垂柱和花板，故谓“垂花门”，这是高级垂花门做法。另两座垂花门分设在箭道上。门的南北进深很大，北面为中式木构垂花门，南面为砖砌西洋券拱门，是清末中西合璧的门楼。门内东、西墙面开设暗门，便于主人在箭道内出入两侧的四合院。有趣的是三座垂花门挑悬的垂莲柱，外观虽然相似，却又富于变化：一进门是一座含苞欲放的莲花，行至箭道中间一座为花蕊初绽的莲花，再进到底一座是满蓬莲子的莲花，三座垂莲柱的莲花呈生长序列状，寓意为步步高升。可谓匠心别具。

丁村民居门楼。丁村位于山西省襄汾县，是中国的考古福地。1954 年发现以丁村为中心，南北长达 11 公里的汾河东岸有多达 11 处旧石器时代中期古遗址，由著名考古专家贾兰坡主持发掘，出土了人类化石、文化遗物和动物化石，是继 1927 年北京周口店发现“北京猿人”（中国猿人北京种）之后的又一重大考古收获。在近年的文物普查中，又发现了保存完整的明、清民居院落 33 座。院落年代北部为明末，中部为清初，南部为清末三个时段。明代民居四合院大门开在南向东侧，与北京四合院大门方位相同。如按“八卦”方位，则为“巽”位，正合北京的顺口溜：

山西襄汾丁村民居门楼

“乾宅巽门，不用问人。”而清代民居则在中轴线上布置倒座房，正中开门。院内的门楼类似垂花门，由两根中柱支撑屋脊，前后外挑房檐，青瓦悬山顶。檐下柱间华板上的木雕和雀替的透雕都很精致。

（三）歇山顶

歇山顶是一种悬山顶套扣在庑殿顶上的屋顶形式。上部是悬山顶的五条脊，下部是庑殿顶四条脊，故又称“九脊殿”。最早的建筑实例是汉代的石阙顶。宋代称“厦两头造”，等级规格仅次于庑殿顶，亦有单檐、重檐之分。分布在宫殿、城楼、钟鼓楼、寺庙、陵墓等地，是现存数量最多的大屋顶。

雅安高颐阙在四川雅安市金鸡关下姚桥。阙，是中国古代建筑群的大门或门前的标志物，常设在城池、宫殿、祠堂、陵墓之前。《诗经·郑风》：“挑兮达兮，在城阙兮。”说明早在周代就已建有阙。早年的阙，多为高台木构建筑。现存年代最早的阙是汉代石阙。其中高颐阙是造型和雕刻最精美的一座。此阙建于东汉建安十四年（209 年），全部用石块砌筑。阙体由高矮两部分组成，高的称母阙，九脊歇山顶，矮的叫子阙，单檐四阿顶，屋面雕刻瓦垅和瓦当，出檐平缓舒展。

歇山顶建筑在北京紫禁城内随处可见，重檐歇山顶建筑有三大殿之一的保和殿，是举办宫廷宴会的地方；慈宁宫，是皇太后的寝宫。单檐歇山顶建筑有养性殿，太上皇的寝宫；昭仁殿，皇帝读书处；天穹宝殿，祭祀昊天上帝的道教建筑等。

明清的帝陵享殿，除长陵外，都是重檐歇山顶。如清西陵的泰陵，是清朝第三代皇帝雍正的陵墓，雍正八年（1730 年）开始兴建，乾隆二年（1737 年）竣工，共修建了 8 年。泰陵是清西陵的主陵，规模最大，设施最完备。陵区内的主要建筑有五孔石拱桥、五间六柱十一楼石牌坊、大红门、神道、具服殿、神功圣德碑楼、单路七孔石桥、龙凤门、隆恩门、隆恩殿、陵寝门、方城明楼、宝顶等。其中隆恩殿为祭陵的享殿，等级、规格低于太和殿，面阔五间，进深三间。采用单层汉白玉台基，重檐九脊歇山黄琉璃瓦。

清东陵定陵和定东陵是安葬咸丰皇帝和慈安、慈禧皇后的陵寝。定东陵同建于同治十二年（1873年）。两座后陵并列，建筑规模和形式相同，在中国历代帝后陵墓中罕见。其中慈禧陵建筑内檐装修的奢华程度，也是其他陵寝无法比拟的。主殿隆恩殿，是安放慈禧神位和举行祭祀活动的享殿。面阔五间，外檐柱额、门窗不施彩绘，重檐歇山黄琉璃瓦顶，外观庄重素雅。殿内装修精细华丽，安放神位的宝床前为4根盘龙金柱，内檐梁枋、斗栱和天花板，全部彩绘贴金，就连配殿内墙的砖雕也贴金。据说仅贴金一项，就耗费黄金4590两。台基的汉白玉龙凤雕饰，与其他宫殿、陵寝龙上凤下的位置相反。慈禧陵是凤在上、龙在下，或是凤在前、龙在后。

河北遵化慈禧陵隆恩殿

河北遵化慈禧陵隆恩殿御路石

北京天安门城楼是重檐九脊歇山黄琉璃瓦顶，等级规制仅低于重檐庑殿顶。天安门是明、清两代皇城的正门，建成于明永乐十八年（1420年），初名承天门。清顺治八年（1651年）重建，更名为天安门，是皇城四座城门中规模最大、等级最高的一座（东安门、西安门和地安门都不筑城台，开间小，单檐歇山顶）。天安门由城台和城楼两部分组成，城台开设五座筒券门洞，俗称“五阙”。每座券洞均安装双扇朱红油漆大门，门面安装镀金兽面铺首和门钉，

北京天安门

门钉九行九列，是个极（吉）数。城楼面阔九间，进深五间、是为九五之尊。重檐歇山黄琉璃瓦檐下施和玺彩画，歇山顶的山花板布满贴金的绶带，与红墙木柱门窗和白色玉石栏杆形成鲜明对比，构成皇家建筑金碧辉煌的装饰特征。天安门是明、清皇帝颁发诏令之地，如皇帝登基、册立皇后以及出兵亲征等，都要在城楼上举行颁诏大典。每逢冬至、夏至和孟春时节，皇帝要从天安门出入，到天坛祭天、日坛祭日、先农坛耕田。平民百姓是不能出入天安门的。因为皇城内全部为皇家占用，如紫禁城，左边太庙，右边的社稷坛（左祖右社），景山、北海及中南海，王公贵族的府邸等。皇城的城垣为红墙黄琉璃瓦，古称“萧墙”。一般百姓不可进入皇城，如需进入，必佩戴腰牌，否则就“祸起萧墙”了。

北京内城的城门和箭楼，如前门和德胜门，以及钟鼓楼都是重檐歇山顶绿琉璃瓦剪边。

中国万里长城关城城楼亦多为九脊歇山顶。长城是中国古代最伟大的建筑工程，是中华民族勤劳勇敢和智慧的象征。从春秋战国时代起，历史上曾有 20 多个朝代修筑过长城，累计总长度超过 2 万里。

山海关在河北省秦皇岛市东北，北倚燕山，南临渤海，地处东北、华北咽喉要冲，为历代兵家必争之地。明洪武十四年（1381 年）中山王徐达在此设立卫所，修建关隘，名曰“山海关”。古人吟赞“两京锁钥无双地，万里长城第一关”。关城为方形，周长约 4 公里。城墙辟四座城门。东、西城门外筑罗城，以为前卫。南北长城内侧筑翼城，以屯戍卒。关城东门称“镇东门”，下筑长方形城台，上建高大城楼。城楼坐东朝西，上下两层，重檐九脊歇山顶。檐下悬挂巨幅匾额“天下第一关”。城楼正面开设板门和隔扇门，其他三面作箭楼式。墙面开辟规整的箭窗，每层两排，东西每排 9 个，南北两侧每排 4 个，共计 68 个。引人注目的是，每个箭窗红色封护窗板的中心，都绘画白环黑色圆心，犹如一只只警惕的眼睛，盯视着远方来犯之敌，创造了防御性城楼的特殊装饰。

黄崖关在天津市蓟县城北 30 公里的泃河谷地中。因东山石崖多黄褐色，每当夕阳西下，映照黄崖分外壮观，素有“黄崖夕照”之称，关城因此得名。

长城以关城为中心，东连水关，有悬崖为屏障；西接八步险、鬼见愁，用峭壁作依托。以城墙多样、楼台密集和关城奇特驰名中外。关城依山形地势呈刀把形，突破古代城堡方形对称布局。北面不设城门，仅筑北极阁城楼，单檐歇山顶，上书“黄崖正关”。城东设瓮城，辟小券门作南北通道。东、西、南三门亦互不相对。城内道路以乾、坎、艮、震、巽、离、坤、兑八卦图形和方位布置，称作“八卦迷魂阵”。城西南还有校场、陷马坑等设施。

天津蓟县黄崖正关城楼

天津蓟县黄崖关城鸟瞰

水关是水道上的关隘，战时可迎敌作战，平时设卡收税。每逢七八月间，水关内外碧波涟漪，泉水叮咚。有山有水，山清水秀，这在万里长城线上，是十分难得的。

嘉峪关在甘肃省嘉峪关市西南隅。是明代万里长城西端的终点，因关城在嘉峪山麓，故名。嘉峪关南为终年积雪的祁连山，北为戈壁沙漠和龙首山、马鬃山。关城雄踞其间，以长城与两山相连，形势险要，自

甘肃嘉峪关城楼

古就是大西北的军事重地。关城建于明洪武五年（1372 年）,为双重城墙。西城墙外为迎敌的一面，全部包砖，其他三面为黄土夯筑。东西墙辟闸门，上建闸楼，单檐歇山顶。关城的东西内城墙亦辟修两座城门，上筑城楼，上下三层歇山顶。关城四角砌角台，上砌角楼，高两层，青砖垒筑，形如碉堡。南北城墙的正中建敌台、敌楼。整个关城楼阁高峙，碉堡林立，恢宏壮观。

单檐歇山顶以寺庙居多。

南禅寺在山西省五台山李家庄。由山门、龙王殿、菩萨殿和大殿组成。其中大殿重建于唐建中三年（782 年），晚唐武宗“会昌灭法”，山上寺庙大都被毁，南禅寺地处偏僻，幸免于难，它是中国现存年代最早的木结构建筑。殿近似方形，面阔三间，进深三间，单檐九脊歇山青瓦顶。殿内供奉主像释迦牟尼彩塑，两侧侍立菩萨、弟子、天王、童子等共计 17 尊，为唐代雕塑佳作。

山西五台山南禅寺大殿

华林寺在福建省福州市区北部屏山南麓。北宋乾德二年（964年）建，初名“越山（屏山）吉祥禅院”，后改为华林寺。现仅存大殿，面阔三间，进深四间，其梁架、斗栱均为宋代原物，单檐九脊歇山青瓦顶。是中国长江以南最古老的木结构建筑。

鲁班庙在天津市蓟县鼓楼北大街。鲁班，是中国史书记载最早的能工巧匠和创造发明家，民间一直尊奉他为土木工匠的祖师。中国当代建筑工程最高奖亦称为“鲁班奖”。根据史料和民间传说，鲁班的主要发明创造是矩尺。矩尺又叫鲁班尺、曲尺，在木工技术上解决了测量长短和划线，检查平面及线条曲直，控制房屋或器械的直角等问题。因此有了人们常说的一句话——“不以规矩，不成方圆”。这句话来源于《孟子·离娄》：“公输子之巧，不以规矩，不成方圆。”鲁班又名公输子。鲁班还发明了木车马、木人和木鹊。木鹊，《墨子·鲁问》载：“公输子削竹木以为鵲（鹊），成而飞之，三日不下。”

鲁班庙由山门、大殿和东、西配殿组成。鲁班庙的修建，据庙内清光绪三年（1877年）《重修公输子庙碑记》记载，是由修建清东陵的工匠完成，

天津鲁班庙

是民间庙宇的官式做法。鲁班庙布局严谨,工精料实。大殿木柱使用铁糙木,此木比水重,较铁硬,蓟县本地不出产,可能是皇家用材。木框架使用斗栱,民间是不允许的。鲁班庙用的是一斗三升最简化的做法,既表达工匠对祖师的尊崇,又不太超越规制。殿顶为九脊歇山青瓦绿琉璃剪边。瓦顶式样仅低于最高等级的庑殿顶。琉璃瓦在民间不可使用,且黄瓦等级最高,绿瓦次之,于是采用绿琉璃剪边。总之,鲁班庙的修建,工匠们是尽量提高规格等级,但又不违规制,可谓匠心独具。

(四)硬山顶

硬山顶为“人”字形前后两坡顶,外形与悬山顶相似,但两坡的檩条不出头,而是封在山墙内,坡顶与山墙的墙头齐平。山头砌博缝砖,安装正脊和四条垂脊。大式硬山顶有吻兽;小式硬山顶无脊兽。宋《营造法式》无硬山顶记录,宋画及雕刻亦无硬山顶形象。因山墙要用青砖封护,并承担山面梁架的重量,民间叫作“硬山搁檩”。明、清以来,青砖大量生产使用,硬山顶成为民居的主要样式。硬山顶亦用在大型建筑群的配殿、民间祠堂和寺庙中。

紫禁城内有一座硬山顶庙宇——城隍庙。城隍是我国古代神话中守护城池的神灵。传说由古代蜡祭八神的庸(即城)、水(即隍)衍化而来。唐宋以后,奉祀城隍的习俗遍及各地,庙址多在城池的西北隅。紫禁城内的城隍庙亦在西北隅,依城墙而建,是清雍正四年(1726年)修建的单独的建筑群,由山门、大殿和东西配殿组成。山门和配殿是青瓦硬山顶,大殿是黄琉璃瓦硬山顶,是宫城内规模小、档次低的庙宇。

周公祠在天津市津南区小站会馆村,是祭礼周盛传的祠堂。周盛传是清代天津总兵,光绪元年(1875年)率师在小站地区开拓河渠,屯垦荒原,改良盐碱荒地,培育优良稻种。当地人为了纪念这位誉满天下的小站稻拓植人,修建了周公祠。祠内共有殿堂三座:中间为新农寺,供奉轩辕等牌位;东侧称武壮公祠,祀周盛传;西侧是刚敏公祠,祀周盛传的哥哥周盛波,盛波佐盛传屯田植稻。三座祠堂均面阔三间,青瓦硬山顶,前接卷棚抱厦,

天津周公祠

青砖为墙，白石作阶，朴实庄重。

黄粱梦卢生殿在河北省邯郸市北 10 公里黄粱梦村吕翁祠内，是根据唐代沈既济所作传奇——《枕中记》修建。记叙卢生在邯郸客店遇道士吕翁，向道士诉苦，怀才不遇，不知如何才能建功立业，享受荣华富贵。吕翁

河北邯郸黄粱梦卢生殿

给卢生一个青瓷枕，称用此枕可得志。当时店家正煮黄粱。卢生倚着瓷枕就睡着了。梦中回到老家，先娶了漂亮媳妇，又进京赶考中举，做了宰相。5个儿子都做了大官，姻亲都是名门望族。在朝50年，80岁病终。卢生睡醒一觉，店主的黄粱还没有煮熟。吕翁在一旁微笑。卢生对吕翁叩拜说，道长托梦，我随师去布道成仙吧。黄粱梦的故事在民间广为流传，至宋代已建专祠，明、清扩建重修，面积达13 000平方米，由前、中、后三座院落组成。前院有山门、八仙阁、丹房和照壁；中院以大莲池为主，池上建桥直通后院；后院建钟离、吕祖和卢生三大殿，两侧建钟鼓二楼和配殿。钟离殿又称前殿，硬山青瓦顶；吕祖殿又叫中殿，歇山琉璃瓦顶。

卢生殿，又名后殿，面阔三间，进深一间，青瓦硬山顶。殿内有卢生石雕卧像，头枕方形瓷枕，两腿微屈，面貌清秀，双目微闭，如临梦境。

（五）卷棚顶

卷棚顶即屋顶前后两坡的相接处，不用正脊而做成弧线形的曲面，也称“元宝脊”。有硬山卷棚、悬山卷棚和歇山卷棚三种形式。多用在园林和民居。

恭王府在北京什刹海前海，原为清乾隆年间大学士和珅的私宅，规制宏伟，装修华丽，颇具皇家气派。清嘉庆四年（1799年）和珅获罪，宅园改赐庆郡王，称庆王府。咸丰元年（1851年）又改赐亲王奕䜣，改名恭王府。恭王府由府邸和后园两部分组成，占地6万平方米。府邸分三路，轩峻壮丽，装修精美。后园又称“萃锦园”，是王府的后花园。全园亦分三路，东、西、南三面环以土山，中间造园。中路有“静含太古”门、元宝池、安善堂、“流觞曲水”亭等景点。东路建大戏房和“吟香醉月”“曲径通幽”等园林景观。两路中部为方形湖塘，湖中石砌高台，建水榭三间，名曰“诗画舫”，又称“观鱼台”。台四面临水，是夏季纳凉观鱼之地。台上的水榭为通透式，青瓦卷棚歇山顶，为皇家园林喜用的形式。

北海静心斋在北海公园太液池北岸，原名“镜清斋”，为清代皇太子游

北京恭王府观鱼台

园的居所，是一座园中之园，俗称“乾隆小花园”。中国古典园林注重造园的立意和情趣，而花园的名称往往有画龙点睛之妙。乾隆帝建园时起的名字叫“镜清斋”，他在诗中说明：“临池构屋如临镜，那藉旃摩亦榭模。不

北京北海静心斋园林小景

示物形妍丑露，每因凭切奉三无。”“旃摩”来自《淮南子》：“粉以玄锡，摩以白旃。”诗意是，临水的庭园如临明镜，不用白毡（旃）蘸着锡粉把镜子磨亮，也不用再制模铸一面镜子。照镜子不只是为鉴形，还是凭栏望池，去追求天无私覆、地无私载，日月无私的情操。清末，慈禧重修镜清斋，改名“静心斋”。当时，清王朝内忧外患，危机四伏。慈禧暂避困扰，要在园子里静心游憩。全园由三组院落组成，均以水池为中心，四周山石蜿蜒，亭榭错落，“物有天然之趣，人忘尘世之怀”。各层建筑均用卷棚顶，或歇山，或悬山，或硬山，青瓦红柱，白石栏杆，与碧水蓝天辉映成趣。

避暑山庄原名热河行宫、承德离宫，在河北省承德市，是清代皇帝避暑和行政的庄苑。山庄始建于清康熙四十二年（1703 年），经雍正乾隆扩建，至乾隆五十五年（1790 年）竣工，历时 87 年，占地 564 万平方米，是中国规模最大的皇家园林。由宫殿区和苑景区两大部分组成。宫殿区位于山庄的南部，是清代帝后起居、朝政、庆典、宴饮的地方。各组宫殿没有琉璃瓦顶，没有沥粉贴金彩绘，而是青砖、灰瓦卷棚顶。苑景区在山庄北部，包括湖泊区、平原区和山峦区三大部分。景区建筑如烟雨楼、文津阁等均

河北承德避暑山庄外午门

采用卷棚青瓦歇山顶、硬山顶。

正宫是山庄的主要宫殿。山庄的正门，也是正宫的前门叫丽正门，“丽正”出自《易经》，意指方位正则光明。门下砌城台，辟三座方形门洞，上建城楼，面阔三间，进深一间，单檐卷棚歇山青瓦顶。丽正门以北是大宫门和二宫门。大宫门俗称外午门，面阔五间，进深一间，单檐卷棚硬山青瓦顶，檐下悬挂乾隆用满、汉、蒙、藏、维五种文字题写的“避暑山庄”镏金匾额。二宫门也称内午门，亦为面阔五间，进深一间，单檐卷棚硬山青瓦顶。檐下悬挂康熙帝御笔“避暑山庄”汉文镏金匾额。

正宫的主殿称“澹泊敬诚殿”，清康熙年建，乾隆时用楠木改建，故又称“楠木殿”。面阔七间，进深三间，单檐卷棚歇山青瓦顶。檐下梁枋、木柱不施彩绘，保持楠木木色，庄重素雅，别具风格。主殿之后是皇帝上朝前休息的“依清旷殿”，又名“四知书屋”，卷棚硬山顶。其后是面阔十九间，进深一间的万岁照房，放置仪仗之类用品，并把前朝和后寝隔开。寝宫自成院落。主殿是烟波致爽殿，为皇帝的寝宫，面阔七间，进深一间前后廊，卷棚硬山顶。正中三间是皇帝接受后妃朝拜的房间，西次间和稍间是佛堂和皇帝寝室，东边两间是帝后休息的房间。

颐和园是清代帝王的行宫和御苑。园内总体布局可分为万寿山和昆明湖两大部分。山前布置政务、居住和游览三个区域。其中政务、居住的宫殿，因地处园林之中，也多为卷棚顶建筑。如仁寿殿依山面水，坐西向东，面阔七间，卷棚歇山顶，是召见群臣、处理朝政的大殿。德和园是专供慈禧和光绪帝看戏的戏楼。原为清乾隆年间怡春堂旧址，光绪十七年（1891年）建颐和殿和大戏楼。大戏楼分前台和后台两部分。前台三层，通高 21 米，舞台宽 17 米，歇山卷棚顶。后台两层，演员扮戏和出场、退场都很便捷。颐和园德和园与紫禁城畅音阁、避暑山庄清音阁（已毁）并称为清代三大戏楼。

北京颐和园德和园大戏楼

（六）攒尖顶

攒尖顶又名“斗尖顶”，形如斗笠或伞盖，屋面由檐口攒聚到顶尖覆以宝顶。最早见于原始社会的圆形房子，称为“草庐”。汉代长安城的明堂辟雍为方形攒尖顶。

攒尖顶多用在亭、阁建筑，宫殿、坛庙也有作攒尖顶的，形式有圆形、方形、三角、六角、八角攒尖五种。

圆形攒尖又有单檐、重檐和三重檐之分。

北京天坛，在北京永定门内大街路东，是明、清两代帝王祭天祈谷的坛庙。明永乐十八年（1420 年）创建，明嘉靖、清乾隆、光绪年改建、重修。总平面北边呈圆形，南边为方形，象征“天圆地方”。主体建筑祈年殿、皇穹宇、圜丘均筑成圆形,符合“天圆”之说。三座建筑之间以高 4 米，宽 30 米的丹陛桥连接，构成南北贯通的轴线。两侧辅以低矮的附属建筑和围墙，种植大片柏林，形成静谧、肃穆的环境气氛。

祈年殿为祈祷丰年的殿堂，建造在三重汉白玉台基上，殿圆形，直径 30 米，三重檐圆形攒尖琉璃瓦顶，高 38 米。殿内柱网三层，中央 4 根金龙木柱代表四季，承托屋架和攒尖大顶；中层 12 根金柱代表 12 个月，支撑中层屋檐；外檐 12 根木柱象征十二时辰，承载下层房檐。殿身红色的木栏、隔扇门窗和梁枋彩画，上与三重青蓝色琉璃瓦顶，下同洁白的玉石栏杆交相辉映，色彩丰富，气势雄伟，是中国古代建筑代表作。

皇穹宇是设置圜丘神牌之所，圆形单檐攒尖顶。周围砌圆形围墙，墙体磨砖对缝，壁面光洁平整，声音可沿内墙传递，俗称“回音壁”。圜丘又称“祭天台”，是举行祭天大礼之地，坛圆形三层，艾叶青石砌筑，每层砌石的数量均为 9 的倍数。古代认为 9 是“阳数”,又称“天数”,以此表示天象。

园林寺庙的圆形攒尖顶有河北承德外八庙的普乐寺旭光阁。外八庙在河北省承德避暑山庄外围，东、北两面的丘陵地带。清康熙、乾隆年间，曾先后修建了 11 座喇嘛庙，现尚存 8 座，俗称“外八庙”。其中普乐寺旭光阁是仿北京天坛祈年殿的形式修建的。但出檐少了一层，为重檐圆形攒尖顶，屋面盖橘黄琉璃瓦，俗称“圆亭子”。

北京天坛祈年殿

北京天坛皇穹宇

方形攒尖顶又称“四角攒尖顶”，高规格殿坐落在北京紫禁城和国子监。

紫禁城内三大殿之一——中和殿，在太和殿重檐庑殿与保和殿重檐歇山顶之间，“工”字台基的中部。为避免建筑形式雷同，故采用正方形平面，四角攒尖黄琉璃瓦，殿顶覆以镏金宝顶。殿身四面满设门窗，金扉金锁窗，纵深均为五间，周围回廊，是等级最高的攒尖顶建筑。

国子监在北京东城国子监街（原名成贤街），是元、明、清三代国立最高学府。其中辟雍依照周礼古制“泮水”修建；周围是圆形的水池，中央砌白石护栏台基，上筑重檐四角攒尖顶方殿，水池四面修四座石桥相通，故称“辟雍泮水”，是清代帝王来国子监讲学的殿堂。

在中国古代建筑中，亭子是使用攒尖顶最多的类型。如三角亭、方亭、六角亭、八角亭等。古人对亭的解释是:“亭，亦人所停集也。”“亭，留也，今语有亭留、亭待，盖行旅宿食之所馆也。”“亭，停也，所以停憩游行也。”亭还有基层行政单位的说法，早在秦代就有十里一亭、十亭一乡的建制。汉高祖刘邦就当过泗水亭长。上述文字说明，亭的功能、用途十分广泛。我们今天看到的多是路亭、井亭、碑亭以及寺庙、园林中各式各样的亭子。

河北承德避暑山庄普乐寺全景

三角攒尖亭比较少见。实例有绍兴“鹅池”碑亭和杭州西湖三潭印月三角亭。

“鹅池”碑亭在浙江省绍兴市兰亭，是为东晋书法家王羲之撰书《兰亭集序》之地，明代辟作园林。园中有王羲之祠堂，又称“王右军祠”、墨华亭、墨碑亭、流觞亭、御碑亭等。御碑亭前 30 米处为鹅池，池畔建三角形攒尖顶青瓦亭，亭中竖立“鹅池”两个大字的石碑，传为王羲之手书。

三潭印月在杭州西湖南部水面，“西湖十景”之一。宋代苏东坡在杭州任官时，开浚西湖，为禁止植菱种芡，淤塞湖泥，在湖中建立三座小石塔为标。现塔为明天启元年（1621 年）重建。石塔高出水面约 2 米，塔身球形中空，球面开五个圆孔，每当皓月当空，塔内燃灯，灯光透过圆孔倒映水面，与当空明月相映生辉，故名。湖岸建三角形攒尖顶小亭，以供观赏。

六角攒尖顶有杜甫草堂和金山亭等。

杜甫草堂在四川省成都市西郊浣花溪畔。杜甫（712—770）字子美，

桥头方亭

浙江绍兴鹅池三角攒尖顶碑亭

唐“安史之乱”后流寓成都，在浣花溪旁筑茅屋而居。历时四年，作诗二百四十多首，如名篇《茅屋为秋风所破歌》为世人广泛传颂。北宋时重建茅屋，建立祠堂，后经扩建重修，才具今日规模。主要建筑有大廨、诗史堂、柴门、工部祠（杜甫曾任检校工部员外郎，人称“杜工部”）、

成都杜甫草堂碑亭

水槛等。工部祠东边有一碑亭，六角攒尖茅草顶。亭内竖立“少陵草堂”石碑一通。

金山亭在河北省承德避暑山庄如意洲之东，仿江苏镇江金山寺而建，供奉真武大帝和玉皇大帝，名曰“上帝阁”，俗名“金山亭”。亭阁上下三层六角攒尖青瓦顶，是山庄湖区的最高处。凭栏远眺，湖光美景，一览无余。

有两座著名建筑是八角攒尖的，那就是沈阳故宫大政殿和北京颐和园佛香阁。

沈阳故宫在辽宁省沈阳市中心，后金天命十年（1625 年）始建，清崇德元年（1636 年）建成，是清军入关前的清室皇宫。宫室占地六万多平方米，房屋三百余间，周围修建高大的宫墙。建筑布局分中、东、西三路。中路前院正中为崇政殿，俗称“金銮殿”，是皇太极发布命令，接受文武百官朝拜之地。天聪年间，后金改为清，大典在此举行。殿后是中院和内宫。西路以文溯阁为中心，另建斋堂和戏楼，是帝后们读书、看戏之所。大政殿在东路，是最早建成的大殿。坐北朝南，平面八角形，下部为砖石砌筑的须弥座台基，殿身外檐设回廊，每面木柱四根。正面明间木柱各置一条木雕金龙蟠绕柱身，龙头向上，探出柱外，面向额枋中心的火焰宝珠。殿顶为八角重檐攒尖式，黄琉璃瓦绿剪边，顶尖饰宝瓶和宝珠。殿前为长方形广场，东西排列歇山顶方亭十座，通称“十王亭”，是努尔哈赤与翼王和八旗大臣办公的地方。这处出自八旗制度，君臣合署办事的布局，为中国古代宫殿建筑首创，是沈阳故宫的一大特色。

沈阳故宫大政殿

佛香阁在北京颐和园万寿山，耸立在 20 米高的台基上，通高 41 米，为全园制高点。阁身八角三层，黄琉璃瓦绿剪边，四重檐攒尖顶，檐下配以红色木柱和隔扇门窗，在蓝天白云的映衬下，显得格外悦目多姿。

北京景山建有造型各异的攒尖游亭五座。景山是中国最大的人工堆山之一。原为元代帝王御苑。明永乐初年营造紫禁城，根据玄武门北必有“镇山”的风水学说，将挖掘护城河土及工程渣土，堆土为山，称“万岁山”。清顺治十二年（1655 年）改名景山。景山高 43 米，山顶五峰东西排列，峰顶各建一座游亭。中峰最高，建万春亭，平面方形，五开间，三重檐黄琉璃瓦攒尖顶，是北京旧城中轴线上的最高处，登亭可俯瞰全城。东西两峰，分别建周赏亭和富览亭，重檐绿琉璃瓦八角攒尖顶。再侧的边峰上，东修观妙亭，西建辑芳亭，均为蓝琉璃瓦重檐圆形攒尖亭。五亭建于清乾隆十六年（1751 年），亭内供奉铜佛像。惜于 1900 年被八国联军毁坏、劫走。现为景山公园，供游人休憩。

北京颐和园佛香阁

北京景山重檐圆形攒尖顶亭

（七）盝顶

盝顶是将庑殿顶或攒尖顶的上部改装成平顶，四面作围脊的一种屋顶形式，亦有四角、六角、八角之分，单檐、重檐之别。多用于皇家建筑，民间少见。

北京紫禁城内廷宫殿有御花园、建福宫花园、慈宁官花园和宁寿宫花园4座花园，其中以御花园规模最大。御花园在坤宁宫北，明永乐年建，始称“宫后苑”，清代称“御花园”。园内以钦安殿为中心，左右对称布置近20座亭、台、楼、阁，造型精巧多样，间有形态各异的盆景和四时珍贵花木，布局紧凑，富丽多彩。

北京紫禁城钦安殿

钦安殿建于明嘉靖十四年（1535年），殿内供奉北方玄武神像，明、清两代多在殿内举办道场。殿基为须弥座石台，雕刻云龙石阶和汉白玉龙凤纹栏杆，均为明代原件。殿顶为重檐盝顶，即在庑殿顶上部作长方形平顶，檐口围合平行的四条屋脊，外沿四角仍作垂脊。在紫禁城数百座建筑中，钦安殿是唯一的重檐盝顶殿堂。

御花园内有一对井亭是单檐八角盝顶。井亭本应是八角攒尖顶，但井亭上部要落平，故外沿起脊，安装四对合角吻，成为盝顶。平顶正中开洞，正对井口。一为井内采光，看清井水；二便于长竿掏取井内杂物。井中横架木枋，上置滑轮，辅助系绳汲水。

北京天坛有一井亭为六角形盝顶，是屠宰祭礼用的牺牲井亭，又名宰牲亭。

在北京太庙金水河与戟门的东西两侧，亦有一对井亭，根据祭祀活动的要求，配合神厨和神库而建，单檐四角盝顶，造型挺拔，形制典雅。

北京天坛宰牲亭

北京太庙井亭

（八）盝顶

盝是保护头部的帽子，古代称“胄”，现代有矿工和建筑工人戴的安全帽。盝顶就是像头盝那样的屋顶。盝顶比较少见，一般用于附属建筑。如北京紫禁城文渊阁内，有一座碑亭是盝顶的，4 条盝形垂脊以浮雕花卉脊筒配制，顶尖安装宝瓶，好似制作精细的头盝。还有两座盝顶建筑，出现在中国古代两位著名将军的庙祠中。这样的盝顶，很容易让人们联想到将军转战南北的戎马生涯。

张良庙在陕西省留坝县紫柏山。张良，字子房，是中国古代楚汉战争名将。曾辅佐刘邦南征北战，打败西楚霸王项羽，终得天下，建立汉朝。刘邦封张良为留城侯。张良不为名位，谢封辞禄，隐居陕西留坝紫柏山中。汉代在张良旧居就建有张良庙，供后人祭祀凭吊。隋、唐、宋各代均有扩建重修，香火不断。清康熙二十二年（1683 年）重建。庙内建筑由三清院和大殿院组成。三清院是一组道教建筑，因张良隐居时辟谷轻身，崇尚

陕西张良庙

道教，早年祠庙由道家住持，故成为庙、祠合一的布局。三清院前是“汉张留侯祠”青砖牌楼和大山门。院内正中为重檐盝顶楼阁，檐角飞翘，四条垂脊均作雕花脊饰，顶置如意宝塔。阁内供奉王灵官，故称“灵官殿”。左、右两侧配置钟楼和鼓楼。灵官殿后为三清殿、三官殿等。大殿院为后院，前有二山门，额枋之上高悬“帝王之师”楣匾。门内为拜殿，为诵经、朝拜、焚香、祭祀的殿堂。拜殿之后就是大殿，殿建在白石台基之上，面阔三间，青瓦歇山顶。院内配殿辟作客房，供来往香客下榻。

张飞庙在四川省云阳县，是纪念蜀汉名将张飞的祠庙。张飞，字翼德，涿郡（今河北省涿州市）人。东汉末年随刘备起兵。曹操取荆州，刘备败于长坂坡（今湖北当阳东北），张飞带二十骑兵断后，当桥横矛。曹军久仰“万人敌”“猛张飞”大名，不敢前进。张飞后随刘备取益州。刘备称帝，

四川张飞庙结义楼

国号汉，史称“蜀汉”。当年，刘备伐吴，令张飞率部江州（今重庆）会师。出征前夕，张飞在四川阆中被部将杀害，其首级葬在云阳，故有“身在阆中，头在云阳”之说。

张飞庙坐落在长江南岸的山麓上，隔江与云阳县城相望。庙随山形地势而建，前临危崖峭壁，殿堂楼阁犹如拔地而起，高低错落，巍峨壮观。主要建筑有结义楼、正殿、望云轩、助风阁、得月亭等。其中结义楼为纪念刘（备）、关（羽）、张（飞）桃园三结义而建，为张飞庙建筑群构图中心。楼檐三重，黄琉璃瓦盔顶，四条垂脊和宝顶均作雕花脊饰。楼顶四周设走马廊，柱间辟落地长窗，可凭窗俯瞰长江景色。近年因修筑长江三峡水库，张飞庙作了整体迁移保护。

（九）穹窿顶

穹窿顶从外观看为半球形的屋顶，又称圆顶，如砖砌的无梁殿、清真寺的天房等。

喀什阿巴和加麻扎又称阿帕克和卓麻扎，在新疆喀什市东郊。麻扎，即新疆伊斯兰教名人墓地。阿巴和加家族从 17 世纪开始，曾长期控制南疆的政教大权，陵墓即在此时初建，后经扩建、重修，形成今日规模。陵园内的主要建筑有绿顶礼拜寺、大礼拜寺、高礼拜寺、低礼拜寺和主墓室等。

绿顶礼拜寺在麻扎的西部，是墓区内修建较早的寺院。殿内方形，砖结构穹窿顶，半球形的拱顶屋面，镶嵌绿釉琉璃面砖，故名。

主墓室是陵园的主体，外墙方形，正中为半球形大穹窿顶，顶尖置圆顶小亭。四角为圆形角楼，上部亦为圆亭。南面为入口大门，门墙砌大门龛和小龛。其余三面均为平直墙面，每面砌 7 个浅尖拱龛，龛上部设木格夹层的采光口。外檐除各龛内抹灰外，均贴琉璃面砖，以绿色为主，龛线角饰蓝色，造型稳定均衡，色彩柔美和谐。室内抹灰，大穹顶拱脚饰蓝地白色石膏花一圈。石膏花和壁龛的装饰手法，为汉族建筑未见，是维吾尔族建筑的独特风格。新疆盛产石膏，烧制石膏较简易，还有快凝高强、洁白细腻的优点，除用于砌筑浆和抹灰外，还可做成石膏花饰。当地石膏花

新疆喀什阿巴和加麻扎绿顶礼拜殿

新疆喀什阿巴和加麻扎

很少模制，多为直接雕刻。因此棱角分明，平整光洁。壁龛多装饰在外檐，作尖龛状，打破了大片直墙的单调感，与圆形大穹顶和塔楼角亭相呼应，产生一种活泼向上的艺术效果。

（十）环形顶

两坡环形的大屋顶，是客家人的创造发明。在福建南部的龙岩、上杭、永安一带，散布着许多极富特色的土楼。客家人以娴熟的夯土技术，建造体型巨大的群体住宅，聚族而居。土楼多用承重夯土墙和木构架建成圆楼，楼内用隔墙分成住室。院内设储藏室、打水井、沐浴室、磨坊和垒猪圈等。修建土楼，必须选择有黏性的土质，拌和碎石、细砂和石灰夯筑。由于含水适量，夯打坚固，故能坚硬如石，虽经百年风雨，仍屹立如新。

永定承启楼又名天助楼，在福建省永定县高头村。建于清代康熙年间，迄今已有三百多年历史，是闽南年代最早的土楼之一。土楼木结构，外观

福建永定承启楼

福建土楼内部 1

福建土楼内部 2

雄伟浑朴，不作雕饰彩绘，很像一座大型堡垒。楼外围周长1915.6米，高12.42米。以里、外三层圆楼相套。外圈称主楼，高四层，每层房屋72间，底层作厨房和杂用间，第二层储藏粮食，第三层、第四层住人。外檐为夯土承重墙，厚1.5米，为防御和安全，下层不开窗，仅开辟供出入楼内的大门三座。中圈两层，每层设房40间。里圈单层，设房32间。里圈正中建厅堂，供族人议事、婚丧礼仪和集体活动使用。全楼房间总计四百余间，建筑面积5376.17平方米。可容80多户600多人居住。土楼冬暖夏凉，经济耐用，又具防风、防火和抗震等优点，是优秀的建筑文化遗产。

二、组合类

组合类屋顶是将两个以上单体屋顶组合在一座建筑上，是一种好看漂亮的大屋顶类型。有平面组合、立面组合、平面立面复合组合三大类。

（一）平面组合

平面组合又称“勾连搭”，是为了扩大殿堂的使用面积，将几类相同或不同式样的屋顶勾连搭建成一座殿堂。现存年代最早的是宋代摩尼殿。

摩尼殿在河北省石家庄市北16公里的正定隆兴寺内。寺创建于隋代，原名龙藏寺，宋初更名龙兴寺，清康熙定名隆兴寺。因寺内现存铜铸千手千眼观音像高达22米，是为国内最大的铜佛像，故俗称大佛寺。寺坐北朝南，中轴线上共有四进院落。摩尼殿在二道院。殿建于北宋皇祐四年（1052

河北正定摩尼殿

年），平面呈“十”字形。正中为重檐歇山顶，前后左右四面的明间外接搭抱厦，歇山顶的山花向前，屋顶富于变化，在现存宋代建筑中，仅此一例。

天津天后宫大殿由三座单体建筑勾连搭组成。天后宫，南方称“妈祖庙”，是中国古代沿海渔民、船工祭祀女海神的庙宇，多达千余座。近年来，经过天后宫专题调查，有关专家将福建莆田湄洲祖庙、台湾北港朝天宫和天津天后宫列为三大妈祖庙。其中天津天后宫为现存年代最早的一座。天津的天后宫原有 17 座，现仅存一座，在南开区旧城东门外。创建于元泰定三年（1326 年），明永乐元年（1403 年）重建，正统、万历和清代扩建重修。大殿建造在高大的台基之上，原为庑殿顶，面阔三间，进深三间。明万历三十年（1602 年）太监马堂监修天后宫时，为扩大大殿的使用面积，前出抱厦，后接凤尾殿，前后均用卷棚悬山顶。大殿成为三进勾连搭的宽阔殿堂。

（二）立面组合

立面组合即在主体屋顶上套扣一个或多个单体屋顶。主要为了采光或其他需要，同时，也可使建筑立面丰富、华美。如北京雍和宫、天津清真大寺和北京紫禁城御花园千秋亭等。

北京雍和宫位于北京市北二环路，始建于清康熙三十八年（1699 年），原为雍亲王府邸，雍正即皇位后，将府邸改作行宫，始称雍和宫。乾隆年间改为喇嘛教佛寺。雍和宫坐北面南，前后五进院落。第一进院落为庙前区，由牌楼、广场和山门组成。第二进院落由钟鼓楼和天王殿组成，天王殿又称雍和门，是原雍亲王府的大门。第三进院落的雍和宫殿，原名银安殿，原为雍亲王府的正殿，后为寝宫，称永佑殿，现供奉三尊佛像。第四进院落正殿名法轮殿，殿顶有一套屋顶的立面组合，是宫庙中唯一具有藏式特色的建筑。

法轮殿平面呈“十”字形，正殿为九脊歇山顶，面阔七间，前后接抱厦各五间，卷棚歇山顶。殿顶为了采光、通风，开了 5 个大天窗。正脊天窗最大，作骑扣脊上的歇山顶。前后坡上左右各开一个，卷棚悬山顶。5 个天窗屋顶正中，均安装镏金藏式喇嘛塔，通过立面屋顶组合，点出了喇

北京雍和宫法轮殿

北京雍和宫法轮殿屋顶

嘛寺庙的主题特征。

法轮殿后是庙内最高建筑——万福阁。阁内耸立用名贵白檀香木雕成的迈达拉佛站像，地上18米，地下8米，通高26米，直径8米，全身彩绘，为清乾隆帝敕制。

天津清真大寺位于天津市红桥区小伙巷，是天津现存清真寺中年代较早、规模最大的一处。大寺根据伊斯兰教特点，以中国古代木结构宫殿样式修建，由照壁、门厅、礼拜殿、讲堂和沐浴室等建筑组成。

礼拜殿为寺内主体建筑，修建在砖石砌筑的台基之上。坐西朝东，使礼拜者能够面向阿拉伯麦加的“克尔白”（阿拉伯语，意为“方形房屋”，

天津清真大寺邦克楼

又称“天房”)。为扩大建筑面积，礼拜殿由四组建筑勾连搭构成。前脸为卷棚顶抱厦，面阔三间，进深一间。后接二座庑殿大殿，面阔五间，进深共六间。最后一组大殿面阔七间，进深三间。殿顶之上，并排耸立五座亭式阁楼，中间一座最高，八角攒尖青瓦顶，顶置黄琉璃宝珠。两旁各两座稍低，六角攒尖顶。每座阁楼的外檐，均施隔扇门，裙板低，窗棂高，以利采光。南、北两端的阁楼檐下，分别高悬“望月”“喧时”匾额，说明这两座阁楼是用来观“新月出没”和宣报“斋戒时日”的邦克楼。邦克楼即宣礼塔，亦称“望月楼”。西亚各国的清真寺，多为砖石结构的穹窿顶礼拜殿和“光塔”形邦克楼。传入中国内地之后，采用汉族木构殿堂式样作礼拜殿，并在院内修建亭阁式邦克楼。清真大寺的邦克楼与礼拜殿组合在一起，为外地少见，也是天津清真寺独具的特点，既利于采光，又当邦克楼使用，可谓一举两得。

北京紫禁城千秋亭位于北京紫禁城御花园内，与万春亭是一对亭子。始建于明嘉靖年间，清同治年间重建。正中为庑殿顶方亭，四面接庑殿顶抱厦一间，中部殿顶上置圆形攒尖顶。顶尖宝顶分上下两段：下段绿琉璃宝珠上浮雕黄色龙凤牡丹、荷花；上段作铜质镏金华盖。柱间安装隔扇门窗。千秋亭内供奉关帝像，万春亭供奉佛像。两亭以多样的屋顶造型和精致的装修、色彩，彰显皇家建筑华丽、高贵的风格。

亭子运用组合顶的实例还有北京天坛的双环亭、北海五龙亭、颐和园荟亭等。

北京紫禁城御花园千秋亭

北京天坛双环亭

（三）复合组合

一座建筑的屋顶既有平面组合，又有立面组合，称为复合类屋顶。这种屋顶主要是为了建筑功能的需要，同时，也使建筑造型华美壮观，多用于楼阁。

紫禁城作为皇家禁地，城墙修筑得十分高大坚固。城垣南北长 961 米，东西宽 753 米，城墙顶面到地面高约 9.3 米（到女墙和垛口各不同），顶宽 6.66 米。外侧筑雉堞垛口，内侧砌宇墙。四面城墙正中开辟城门和城楼，四隅修筑角楼，作瞭望警戒之用。角楼艺术造型为多檐、多角、多脊，结构精巧，玲珑秀美，是皇家楼阁中装饰效果最好的建筑，为世人称颂。角楼建在城墙拐角处，平面为曲尺形。中间为方形楼阁，四面接出长方形抱厦。顺城墙的两面出大抱厦，面朝城墙的两面出小抱厦。三重檐作法，上檐由中心的攒尖顶和四个歇山顶组成，歇山顶的四面均山花朝外，计 24 条脊。中檐采用歇山顶和抱厦勾连搭的方式，其两面山花朝外，计 28 条脊。下檐为半

北京紫禁城角楼

坡顶腰檐与抱厦多角相连，计 20 条脊，三层檐脊共计 72 条，俗称“七十二脊楼阁”。阁顶中央安装镏金宝瓶，金光闪闪，在碧波粼粼的护城河水的辉映下，显得格外醒目多姿。

宣化清远楼位于河北省宣化古城内。宣化古城北依内蒙古草原，南临华北平原，东卫北京，是内地通往西北地区的交通要冲，兵家必争之地。始建于唐代，为明代九大军事重镇之一。现存城楼和钟鼓楼各一座，城楼名“昌平楼”，又称“拱极楼”，重檐歇山青瓦顶。鼓楼又名“镇朔楼”，重檐歇山绿琉璃瓦剪边。清远楼又称“钟楼”，在鼓楼北，始建于明成化十八年（1482 年），为复合型楼顶建筑。楼主体为长方形歇山顶，前后两面接出歇山顶抱厦。楼二层，三重出檐。首层和中层抱厦均正面出檐，顶层为山花朝外。三层檐屋面都是绿琉璃瓦剪边作法。宣化钟楼的复合顶，为各地钟鼓楼少见。

河北宣化古城清远楼

万荣飞云楼位于山西省万荣县解店镇（今县城）东南隅，俗称“解店楼”。当地传颂：“万荣有个解店楼，半截插在云里头”，形容楼之高大宏伟。楼身五层，露明三层，四重出檐，底层正方形，面阔进深各五间，中央四根通天柱直达顶层，四面出檐承托暗层平座。二、三层各出抱厦一间，变为“十”字形平面，抱厦的歇山顶山花向外，形成多角、多脊的外观。顶层为“十”字歇山顶，四面均可见大山花。全楼斗栱层叠密布，形态各异，共 345 组。四层屋面，檐牙参差，翼角远翘，给人凌空欲飞之感。

山西万荣飞云楼

景真八角亭位于云南省勐海县城西 14 公里的景真山上，是八角复合顶亭式建筑。始建于傣历 1063 年（公元 1701 年，清康熙四十年），后经多次重修。高 15.42 米，宽 8.6 米。由座、身、顶三部分组成。亭座为“亚”字形平面，砖砌须弥座台基。亭身为多角形，砖筑，开四门。墙内外抹饰浅红色泥皮，镶彩色琉璃，并用金银粉印出各种花卉、动物和人物的图案。亭顶为木结构八角复合攒尖式。八个角均向外伸出悬山顶十层，山面悬出向外，每层逐渐内收，攒集在顶尖的铜制圆盘之下。悬山顶的屋面铺平瓦，如鱼鳞覆盖。屋脊上安装金塔、禽兽、火焰等琉璃脊饰。屋檐系铜铃。亭尖立刹杆、相轮，如同塔刹。八角亭以 80 座大、小悬山顶组合成攒尖顶，造型奇特，玲珑华丽，是傣族佛教建筑艺术精品。

云南景真八角亭

黄鹤楼位于湖北省武汉市武昌区蛇山之巅，与湖南岳阳楼、江西滕王阁并称“江南三大名楼”。三座楼阁荟萃中国古代木结构建筑营造技术和艺术，以多层、多檐、多角、瑰丽多姿著称。唐宋以来，著名诗人和文学家李白、杜甫、王勃、崔颢、范仲淹的诗作序记，已为世人广泛传颂，其华章佳句更为名楼增色添辉。

唐代大诗人李白吟咏:“故人西辞黄鹤楼，烟花三月下扬州。”崔颢:“昔人已乘黄鹤去，此地空余黄鹤楼。”这些每个学子都会背诵的诗句，也使黄鹤楼闻名遐迩了。鹤多白色，黄鹤何来？当地流传一段神话：很久以前，有位姓辛的人在武昌蛇山西端山巅,开一家酒馆卖酒。一道士常来店里酌饮。辛氏见道家清贫，不收酒钱。道仙见辛氏为人宽厚诚实，想出一个办法来帮他。一日酒后，道仙吃了一只黄橘，对辛氏说:“酒家四壁空空，我给画一只仙鹤吧。”“谢谢道长，我马上去准备笔墨。”辛氏谢道。“不用啦，我有橘皮呢！”道仙说着，就在酒店的白墙上，用橘皮画了一只黄鹤。小酒馆顿时蓬荜生辉。道仙还告诉辛氏：如果酒客来店里喝酒，只要一拍手，黄鹤会下壁飞舞助兴。道仙走后,辛氏依法试之,果然灵验。再有客来一拍手，鹤即从墙上下来，为酒客飞舞以助兴。辛氏因此生意兴隆。十年后，道仙又来酒店，取笛鸣奏，黄鹤下壁，道仙乘鹤西去。为感谢道仙，亦为怀念黄鹤,辛氏拆掉小酒馆,修建了黄鹤楼。楼相传创建于三国吴黄武二年（223年）。最早的文献记载是发现圆周率的祖冲之（429—500）所著《述异记》“憩江夏黄鹤楼”句。千余年来，黄鹤楼屡毁屡建。作者有三帧照片，可欣赏宋代以来黄鹤楼绚丽多彩的英姿。

宋画黄鹤楼建筑在临江的高台之上。台顶环以斗栱勾栏。平面曲尺型，由多组楼阁勾连搭组成。主楼三层，配楼临江二层，其余一层，均为九脊歇山顶。主楼屋顶为歇山十字顶，四面外出山花悬鱼。平面和立面的屋顶组合，变幻多姿，恰到好处。

这张黄鹤楼的历史照片，拍摄于清同治七年（1868年）。此时的黄鹤楼，少了一些平面组合，强调立面多姿多彩。此楼三层，中心为多角攒尖顶，多接庑殿顶抱厦。楼体多边形，墙面安装高大的隔扇门窗，墙外施回廊栏杆。一、二层均檐角 16 个，顶层檐角 24 个，共计 40 个。多檐多角，檐宇高翘，飘然欲飞。光绪十年（1884 年）该楼毁于大火。

宋画黄鹤楼

1985 年重建的黄鹤楼，由主楼、配亭和廊院组成。主楼五层，高 51.4 米，钢筋水泥仿木结构。中心为方形攒尖顶，每面均接出庑殿顶抱厦，檐角悬挂风铃。顶尖装饰葫芦宝瓶和红色明珠。屋顶抱厦檐下高挂黑地金字匾额，上书“黄鹤楼”。

武汉黄鹤楼历史照片（摄于清同治七年）

1985 年重建后的黄鹤楼

岳阳楼在湖南省岳阳市西门城墙上，素有“洞庭天下水，岳阳天下楼”的美誉。唐开元四年（716年）建，唐代大诗人杜甫《登岳阳楼》诗曰：“昔闻洞庭水，今上岳阳楼。吴楚东南坼，乾坤日夜浮。亲朋无一字，老病有孤舟。戎马关山北，凭轩涕泗流。”北宋重修时，请范仲淹撰《岳阳楼记》，楼与记俱闻名天下。楼几经兴废，现楼为清光绪六年（1880年）重建。主楼三层，三重檐盔顶。二层腰檐设平座栏杆，可凭栏远眺。

湖南岳阳楼

滕王阁位于江西省南昌市沿江路赣江畔。唐初高祖李渊之子李元婴任洪都刺史，在南昌临江建阁。唐上元二年（675年）九月九日落成之日，元婴被封为滕王，阁亦因此得名。恰巧王勃省父过此，应邀作《滕王阁序》。序中吟道：“落霞与孤鹜齐飞，秋水共长天一色。”被世人传诵了1300多年。阁屡经兴废达28次之多，清代近300年间即九毁八建，直至1926年又被北洋军阀烧毁。1989年在距旧址300米处另建新阁。新阁造型参照宋画《滕王阁图》和梁思成、莫宗江于1942年绘制的重建方案草图，以求再现

江西滕王阁

唐代文学家韩愈撰文赞誉的“江南多临观之美，而滕王阁独为第一，有瑰丽绝特之称”的当年景色。主阁上下九层，高 57.5 米，钢筋混凝土仿木结构。台基高 12 米，平面呈“十”字形，九脊歇山顶。阁南修压江亭，阁北建挹翠亭。碧瓦重檐，亭阁交辉。

三、其他类

中国古代建筑类型多样，在古塔、牌楼和古桥上，都可看到许多檐顶的英姿和踪影。理所当然，它们是大屋顶家族的重要成员。

（一）古塔的檐顶

中国古塔源自佛塔。佛塔起源于古印度，梵语为“STUPA”，中文译为“窣堵波”或“塔婆”。建塔是为了藏置佛的舍利和遗物，一是为了礼佛，二是作为一种纪念性建筑。佛塔自汉代传入中国以来，与当地的建筑和文化相结合，发展创造为形式多样、功能广泛的塔。它们屹立在山峦、峡谷、园林、古刹或湖畔，装点着壮丽河山，成为人们追抚历史的胜迹。若按建筑材料分类，有木、砖、砖木混合、石、琉璃、铁、铜、金、银、珐琅、珍珠和象牙塔等。

木塔是诸塔之本，其他材料的塔大多为仿木结构。

应县木塔是现存最古老、最高大的楼阁式木塔，辽清宁二年（1056 年）建，名“佛宫寺释迦塔”，因在山西省应县，俗称“应县木塔”。应县木塔

山西应县木塔

八角形，外观五层，夹暗层四层，共计九层，通高 67.13 米。第一层较高大，周绕木柱回廊，上施双重塔檐。第二、三、四、五层均由平座、塔身和塔檐构成。每层檐角，依照总体轮廓的长度和坡度，通过斗栱外挑的层数多少来调整，既形成有规则的韵律，又避免完全重复的单调，在小有变化中求得和谐统一。塔顶为八角攒尖式，顶尖安装仰莲和铁刹，高 9.91 米。全塔使用木材达 3500 立方米，平座和檐下斗栱 54 种，木件榫卯相连，有条不紊。造型优美，比例恰当。

砖塔是数量最多的塔。有密檐式、楼阁式、亭阁式、覆钵式佛塔，以及航标塔、文昌塔等。

嵩岳寺塔是现存年代最早的佛塔，建于北魏正光元年（520 年），至今已有一千五百年历史。塔坐落在河南省登封西北 5 公里的嵩山南麓。嵩山，古名“嵩高山”“岳山”。五代以后，将中岳嵩山与东岳泰山、西岳华山、北岳恒山、南岳衡山并称“五岳名山”。嵩山以山峦起伏、寺塔栉比驰名。嵩岳寺塔平面十二边形，在中国古塔中仅此一例。塔耸立在基座上，下部为塔身，仅占塔高三分之一。其上为塔檐，密檐十五层。檐顶攒尖，顶刹安装受花、仰莲、相轮和宝珠。塔通高 41 米，由青砖黄泥沙浆垒砌。十五层塔檐呈和缓的曲线，造型轻盈秀丽。

河南嵩岳寺塔

大雁塔在陕西省西安市和平门外的慈恩寺内。唐永徽三年（652 年），寺住持僧玄奘为保护从印度取回的佛经，向朝廷建议修建一座佛塔。因大乘佛教有“葬雁建塔”的传说，故命塔名“大雁塔”。塔为仿木结构楼阁式砖塔，平面呈方形，上下七层，每层外壁均砌出壁柱和角柱，分别表示三、

五、七、九个开间，层层收缩至四角攒尖顶，总高 64.1 米。塔内壁墙设阶梯盘道。寺僧登塔是为了点燃灯龛内的各层灯火，一般香客可眺望风景。塔正面设门，门楣、门框线刻殿堂图、天王像和佛像。塔内壁镶唐太宗李世民撰《大唐三藏圣教序》和唐高宗李治撰《大唐三藏圣教序记》，为唐代大书法褚遂良书，均为研究唐代建筑、绘画、书法的珍贵文物。该塔是唐人游览登高之地，也是考中进士者“雁塔题名”处。文人学士在此赋诗，传颂逸事佳话。其中诗人岑参赞美大雁塔：“四角碍白日，七层摩苍穹。下窥指高鸟，俯听闻惊风。”章元八《题慈寺塔》：“却讶飞鸟平地上，自惊人语半天中。”

陕西西安大雁塔

定州开元寺塔在河北省定州城的开元寺内，故名。塔通高 84 米，是现存最高古塔。游人登塔，多有“每上穹然绝顶处，几疑身到碧虚中”之感。塔之创建有这样一段历史：北宋时期，寺僧会能往西天竺（西印度）取经，得舍利子归寺。宋真宗于咸平四年（1001 年）下诏建塔供奉。历时 55 年，大塔竣工，使用了数以万计的脚手架杆板，故

河北定州开元寺瞭敌塔

有“砍尽嘉山木，修成定州塔”的传说。将这座佛塔修建得如此高大的原因是，当时宋辽对峙，定州地处北宋军事前哨，地理位置十分重要。为防御契丹南下，须利用此塔瞭望敌情，故有“瞭敌塔”之称。塔八角十一层，楼阁式砖筑。第一层较高，上施腰檐平座，二层以上仅出塔檐，以青砖层层叠涩，挑檐很短，逐层收缩至八角攒尖顶，造型挺拔、稳重。塔内是上下贯通的八角形中心塔柱，俗称"塔中包塔”。外塔内壁与塔柱之间为游廊，设穿心式砖阶梯，盘旋登达塔顶。

在南方的砖塔中，有的已经脱离了佛教的内容，修建在大河之滨或临海岸边，成为航道指路的航标塔。明清以来，儒家学士借助高塔振兴文运、文风，多在当地修建文昌、文峰塔。如安庆振风塔、旌德文昌塔等。

安庆振风塔是典型的船标塔，在安徽省安庆市长江的转弯处。明隆庆四年（1570 年）建，为楼阁式砖塔，八角七层，八角攒尖顶，通高 60 余米。各层塔檐之下均辟拱券形门窗，内墙置十多个灯龛，为夜间航船指路，如同灯塔。有诗称赞:“八面凌空八面窗,危栏七级抹斜阳。点燃百八灯龛火，指引千帆夜竞航。”

旌德文昌塔在福建旌德县城内。清乾隆初年，县内秀才齐聚县文庙，商议振兴本县文风事宜，议决在城内修建一座文昌塔。因文昌在元代已加封为“文昌帝君”，是主宰功名、利禄之神。此议得到官府和学宫支持，塔于乾隆十一年（1746 年）建成。为八角五层仿木楼阁砖塔，八角攒尖顶，通高 24 米，成为旌德县标志性建筑。有趣的是，当地风水先生也来凑热闹，又给文昌塔起了两个名字。一曰“定龟塔”，说是旌德城的地形为“五龟出洞”,如果让龟爬走了,就会把文运、财气带走,只有修“定龟塔”才能定住。二称“镇火塔”,又说县城西南有一座梓山,形状似火,经常给县里带来火患，修建“镇火塔”，可为全县免灾祈福。

砖木混合塔也多出现在南方，如上海龙华塔、杭州六和塔。

龙华塔在上海龙华镇龙华寺。寺坐落在黄浦江西岸，与市区毗邻，以种植桃花驰名，素有“柳绕江林，桃红十里”之称，是上海年代最早的寺院和风景名胜区。塔建于北宋太平兴国二年（977 年），是砖木混合结构

上海龙华塔

的楼阁式塔。砖砌塔身，木结构平座和塔檐，是北宋以来江南常见的古塔式样。

龙华塔八角七层，通高 40.4 米。近年大修，发现塔基的地下基础遍布木桩，是中国古代建筑最早使用桩基的实例。塔身为砖筑空筒式，塔内以木制楼板分割塔层，可拾级登临塔顶。砖壁逐层内收，外壁均用砖浮雕出仿木柱、额枋和窗棂，线脚清晰，涂以红色，给人以木构件之感。塔壁外侧以木构斗栱挑出平座栏杆，游人可凭栏远眺。每层塔檐均为木构，八角攒尖顶，上置塔刹，饰露盘、相轮、宝珠和风链，亦为木塔顶刹的作法。塔檐舒展，翼角反翘，一派江南木构楼阁景色。

六和塔在浙江杭州钱塘江畔。北宋开宝三年（970 年）始建，隆兴元年（1163 年）大修。又称“六合塔”，是取天、地、东、南、西、北六方合作广阔的含义。塔八角形，外观十三层，内部七层，八角攒尖顶，通高 59.89 米。塔身为砖筑，外檐为木构。塔身内壁砌螺旋式阶梯，可盘旋登顶。每层外檐均作木构回廊栏杆，可凭栏观赏江山美景。元人诗曰：“烂烂沧海开，落落云气悬。群峰可俯拾，背阅黄鹤骞。”

钱塘江畔还流传着两段修塔的民间传说。一说在春秋战国时期，纵横家苏秦经常在楚、齐、燕、韩、赵、魏六国游说，为抵御强大的秦国，只有联合抗秦是上策。后来，六国的使臣齐聚在钱塘江畔的月轮山会盟。后人在会盟之地修建六和塔，纪念六国的联合。另一传说，很久以前，钱塘江入海处，有一条恶龙，经常翻江倒海，弄潮成灾。青年六和率领当地百姓搬石镇江，战胜恶龙。从此，潮水按时起落，年年五谷丰登。后人建塔纪念，以其名曰“六和塔”。

琉璃塔是塔体砖筑，琉璃砖瓦贴面的仿木构古塔。现存最早的是祐国寺塔。

祐国寺塔在河南省开封市东北隅。原有一座八角十三层的大木塔，名“灵感塔”，由宋代著名建筑大师喻皓设计建造。可惜只存在 55 年，因一场大火化为灰烬。5 年后，即宋皇祐元年（1049 年），仁宗皇帝下诏重建，改为可以防火的琉璃塔。塔仍为八角十三层，仿木结构楼阁式。塔身和塔檐，用28种标准型号的琉璃砖、瓦拼砌，反映出宋代皇家琉璃瓦的烧制和标准化构件的装配施工水平。塔身琉璃砖雕有佛像、菩萨、飞天、天王、力士、狮子、降龙、麒麟、牡丹、宝相花等五十余种人物和动物花卉，雕工精细，神态生动。因塔体呈红褐色，远望如同铁铸，俗名“开封铁塔”。塔高57.34米，也是现存年代最早、最高大的琉璃建筑。

山西洪洞县广胜寺飞虹塔

古代山西盛产琉璃，在山西洪洞县广胜寺内，有一座著名的琉璃塔叫飞虹塔。“缤纷五彩似飞虹，八面凌空八面风。一十三层冲霄汉，琉璃宝塔冠寰中。”这首七言绝句对飞虹塔的描述比较恰当。塔建于明嘉靖六年（1527年），为八角十三层楼阁式，高47.31米。塔体内部用青砖砌筑，外贴琉璃砖瓦。塔耸立在霍山之巅，五彩斑斓，好似飞虹。

明清时期，皇家寺院、园林中，建有许多琉璃宝塔。其中在北京和河北承德，修建了两座一模一样的琉璃塔。

北京香山琉璃塔

一座是香山琉璃塔，在北京香山公园宗镜大昭之庙内。清乾隆四十五年(1780 年)乾隆七十寿辰,为接待来北京参加祝寿的西藏六世班禅,修建了昭庙（即佛寺）和一座琉璃塔。塔八角七层，高 40 米。塔下部为八角形基座,四周砌白石栏杆和回廊。塔身贴砌黄、绿、紫、蓝各色琉璃面砖。

另一座琉璃塔在河北省承德须弥福寿之庙。庙仿照西藏日喀则班禅居住的扎什伦布寺修建，也是为六世班禅来京为乾隆祝七十寿辰而建。同时在庙的后部建造了一座与北京香山昭庙完全一样的八角七层琉璃塔。可惜的是，香山昭庙已在百年前毁于八国联军之手。幸好这一对为了同一目的、同年诞生的孪生姐妹琉璃塔，仍然生活在北京和承德。

石塔的形式较多，有楼阁式、幢塔式和金刚宝座式等。

泉州开元寺双塔在福建泉州市开元寺内，是仿木结构楼阁式石塔。两塔式样相同，东西对峙，相距 200 米，故称双塔。东塔名“镇国塔”，始建为九层木塔，南宋嘉熙二年（1238 年）改为石塔，历时 12 年竣工。塔八角五层，通高 48.24 米。西塔称“仁寿塔”，始建名“无量寿木塔”，北宋政和年间改为砖塔，南宋绍定元年（1228 年）重建为石塔，历时 10 年竣工，通高 44.06 米，同为八角五层。双塔的每层塔身均设石雕平座栏杆，构成外廊，为北方仿木构砖塔少见。八角攒尖塔顶之上，立相轮铁刹，刹尖斜垂 8 根铁链，与塔檐的 8 个翼角拉结，使之稳固，也是木构楼阁式塔典型的塔刹式样。双塔石材，用水磨光，表面平洁，砌缝严密。塔体形宏大，出檐深远，宛如木构，是现存最高大的石材建筑。

杭州西湖弘一法师石塔

弘一法师石塔在浙江杭州西湖虎跑。弘一法师，俗姓李，名文涛，字叔同，1880 年出生于天津，1918 年在杭州虎跑定慧寺出家，1942 年在福建泉州圆寂。李叔同是中国近代话剧的倡导者，精书法、金石、诗词和律学，被誉为“近代艺术大师”。石塔为弘一法师的纪念塔。塔由塔座、塔身和塔顶构成。塔座三层，塔身两层，上层正面篆刻“弘一法师之塔”。塔顶六角攒尖，顶刹饰如意宝珠，是为小型幢塔的形式。

真觉寺金刚宝座塔在北京海淀区真觉寺内，明成化九年（1473 年）建。塔内部砌砖，外部甃以汉白玉石。塔造型特殊，在高大的台基之上，耸立五座密檐尖塔。从佛教内容讲，它是供奉金刚界五部主佛舍利的塔。五个部主各有坐骑，在小塔上均浮雕狮子、象、马、孔雀和金翅鸟等五种不同形象，代表金刚界五佛的宝座，故名“金刚宝座塔”。这种塔形在北京西黄寺、碧云寺、玉泉山，以及内蒙古呼和浩特慈灯寺、山西五台山圆照寺、云南昆明妙湛寺、四川鼓县龙兴寺等处均可见到。其中北京真觉寺金刚宝座塔雕刻尤其精美。塔下部为方形宝座，高 7.7 米，前后辟券门，可拾级登上座顶台面。台面中央砌密檐十三层石塔，四隅筑密檐十一层石塔，塔间另设琉璃罩亭一座。塔身及檐部雕出的柱子、斗栱、飞椽和瓦垅。宝座雕刻

北京真觉寺金刚宝座塔

的佛像、力士和罗汉等均细腻生动。如宝座下部石刻一伏虎罗汉，右手持禅杖，左手按住虎头，面带微笑，表现出降伏猛虎后的喜悦心情。

此外，还有用铜、铁等金属翻模铸造的塔，如四川峨眉保国寺华严铜塔和山西五台山显通寺铜塔，均为明万历年铸造。铁塔更多。北宋中叶，用铁铸塔，蔚然成风。因为只要雕刻好铸模，许多复杂的结构、花纹都可以翻砂制作，比仿木的砖石构件更细致、逼真，如玉泉寺铁塔。

玉泉寺铁塔在湖北省当阳玉泉寺。宋嘉祐六年（1061 年）建，原名“佛牙舍利塔”。生铁范模浇铸，重 53.5 吨，八角十三层，仿木结构楼阁式，高 17.9 米。全塔分层、分段扣接安装，未加焊接。各层塔檐，出檐深远，翼角高翘，造型挺拔，玲珑纤秀。

（二）牌楼的檐顶

牌楼又称“牌坊”，古称“绰楔”，是为忠臣、孝子、节妇、烈女修建的纪念建筑。《新五代史·李自伦传》称安装绰楔，“使不孝不义者见之，可以悛心而易行焉”。明清以来楼牌的功能日益扩展，成为标志性的景观建筑。牌楼多在庙宇、陵墓、园林和城镇街衢建筑，或木构，或砖石、琉璃，起着重要建筑先导、渲染环境气氛和丰富景观的作用。

木构牌楼是石、琉璃牌楼的母本，后者是仿制前者的。牌楼的做法是，先立木柱，柱顶以横向的大、小额枋连接，额枋之上为斗栱，承托楼顶。楼顶的式样也有庑殿、歇山、悬山之分；数量从一楼、三楼、五楼、七楼至十一楼不等。可以说，大屋顶在牌楼上得到了充分展示。

20 世纪 50 年代以前，古都北京的大马路上有很多过街牌楼。中国当代建筑学家刘敦桢教授在 1933 年曾经说过：“故都街衢之起点与中段及数道交汇之所，每有牌楼点缀其间，令人睹绰楔飞檐之美，忘市街平直呆板之弊。而离宫、苑囿、寺观、陵墓之前，与桥梁之两侧，亦辄以牌楼陪衬景物。论者指为中国风趣象征之一，其说审矣。”下面，我们来欣赏几座北京的老牌楼。

这是一帧历史照片，20 世纪 50 年代初，由古建筑专家罗哲文先生拍

东长安街牌楼历史照片

摄的东长安街牌楼。牌楼位于皇城根之东，今北京饭店旧楼前的长安街上。右侧可见北京饭店老楼。因长安街马路很宽，牌楼分为三大开间，立了四根冲天木柱。中央柱间以两横额连接；额间两侧饰华板，正中额书“东长安街”四个大字。额上安装斗栱十攒，承托大庑殿顶，称主楼。两侧亦为庑殿顶，叫边楼。其形制为三间四柱三楼冲天柱牌楼。惜于 1954 年因有碍交通迁建于陶然亭公园，“文革”破“四旧”被彻底拆除。

北海“堆云”牌楼在北京北海公园内，为明清皇家苑囿中的牌楼。三间四柱三楼式，绿琉璃瓦庑殿顶。主楼在中，为全庑殿顶；边楼为半个庑殿顶。正脊两端安装望兽，檐下枋间立“堆云”横额，红柱绿瓦，光彩夺目。

颐和园牌楼为三间四柱七楼式，黄琉璃瓦庑殿顶。主楼和次楼为全庑殿顶；边楼为半个庑殿顶，楼间又有夹楼，为庑殿顶的中段，加起来是为七楼。

雍和宫牌楼在北京东城雍和宫前，亦为三间四柱七楼式。

北京城以外的牌楼，虽无京都牌楼的华丽，但亦颇具地方特色，如天津老城附近的几座木牌楼。

北京北海牌楼

北京颐和园牌楼

北京雍和宫牌楼门

天津天后宫牌楼在天津老城东门外天后宫内，是元明时代天妃宫前的标志，原额“护国庇民”，意取“上以护国家，下以庇民生”。清康熙十年(1674年)重修。为一间二柱一楼式，青瓦庑殿顶。大屋顶以八攒斗栱支承，为使檐顶稳固，前后檐又用挺勾拉到横额，作二组三角形支撑。为稳定木

天津天后宫牌楼

柱，又从木柱顶端斜向地面做了两组木斜撑。牌楼正面檐下竖悬“天后宫”三字木匾，斗拱下是“海门慈筏”横额，背额书“百谷朝宗”，点出了修庙的主旨。

天津文庙过街牌楼在天津老城东门里大街，文庙南侧。东牌楼额书“德配天地”，西牌楼额题“道冠古今”，是褒扬孔子的道德和学识冠通古今，无与伦比。两牌楼形制完全相

天津文庙过街牌楼

天津文庙棂星门牌楼

同，为一间二柱三楼式，青瓦庑殿顶。一间二柱之上，安装三座庑殿顶的木牌楼，为外地罕见。

天津文庙棂星门牌楼在天津文庙院内泮池以北。清雍正初年，天津卫改卫为州，后又升为天津府，另置天津县。府、县治所共在天津城内。由于府、县官员不能同在一庙祭祀孔子，故于雍正十二年（1734 年）在府文庙之西另建县文庙，形成府、县文庙并列的布局。棂星门是文庙必有的建筑。传说棂星为天上“主管文教”的神星，进入棂星门，可得到天神的保护。府庙棂星门，三间四柱三楼冲天柱式，黄琉璃悬山顶。县庙棂星牌楼形制与府庙相同，由于等级规格低于府庙，故为青瓦悬山顶。

石牌楼为仿木牌楼刻制，多用于墓前或街头。

明十三陵石牌楼在北京昌平十三陵的大红门外，是十三陵的总入口。石牌楼建于明嘉靖十九年（1540 年），汉白玉石砌筑，宽 28.86 米，高 14 米，是等级最高、规模最大的石牌楼。形制为五门六柱十一楼式。五门之上的檐顶为庑殿顶，四个夹楼为歇山顶，两侧的边楼复为庑殿顶，共计十一个

北京明十三陵石牌楼

檐顶，故称十一楼。牌楼的石柱为方形，柱下部为抱柱石，圆雕麒麟、狮子、云龙和莲花。柱上的额枋仿木雕刻云纹和旋子彩画的纹路。枋上的斗栱、檐口、楼顶和吻兽，雕刻细腻，圆浑有力，为明代石雕艺术精品。

石牌楼以北的神道上，还有一座石坊，由三座石坊和四座琉璃壁墙联排组成，称作“龙凤门”。三座石坊的石柱作华表式，横额之上安装火焰宝珠，不起檐楼。琉璃壁墙为黄琉璃瓦庑殿顶，墙面饰黄、绿琉璃云龙和花卉。

天津李纯祠堂内也有一座北京的石牌楼。李纯，字秀山，天津人，民国初年曾任江苏督军。1916 年李家开价 20 万大洋，买下北京西城北太平仓的庄王府，并以重金购得北京郊区明太监魏忠贤墓地的石狮等石刻，迁建到天津，作祠堂家庙之用。石牌楼为三间四柱三楼式。四根方形石柱为伸出檐顶的冲天柱，故檐楼较小，但斗栱和楼顶均雕刻精细。

天津李纯祠堂石牌楼

山东蓬莱戚家牌坊是一座很有名气的石牌坊，名叫“戚继光父子总督坊”，俗称“戚家牌坊”，是明嘉靖四十四年（1565 年）朝廷为褒扬戚景通、戚继光父子功绩修建的。戚继光，字元敬，号南塘，山东蓬莱人。出身将门，世袭登州卫（今蓬莱）指挥佥事。一生备倭闽浙，镇守蓟门（今天津蓟县），勋劳卓著。其父戚景通亦治军严明，历任备倭、戍边要职。牌楼在戚家祠堂南侧，为三间四柱五楼式。主楼最高，次楼和边楼依次递减，呈阶梯状。额枋书刻“登坛骏烈”四个大字，使人回味起戚继光的一首自作诗：“南北驱驰报主情，江花边月笑平生。一年三百六十日，多是横戈马上行。”

山东蓬莱戚家牌坊

琉璃牌楼华丽高贵，专供皇家使用。

北京卧佛寺琉璃牌楼，下部是墙门，基座为白石须弥座，红墙白石拱券大门。墙面以黄、绿雕花琉璃砖凸出四根方柱，额枋、华板和檐楼均以琉璃仿木牌楼制作。这座北京卧佛寺的琉璃牌楼为三间四柱七楼式，黄琉璃瓦歇山顶。

在北京颐和园万寿山麓，佛香阁与智慧海之间，有一座豪华的琉璃牌楼，为三间四柱七楼式。牌楼本为通道，是不设门的。这座牌楼的三座白石拱券大门。均安装了红色大板门，每扇门面均作九行九列镏金门钉。主楼正

北京卧佛寺琉璃牌楼

北京颐和园“众香界”琉璃牌楼

额以汉白玉书刻“众香界”三个大字，次楼华板高浮雕二龙戏珠。檐楼为九脊歇山顶，黄琉璃瓦绿剪边。主楼和次楼正脊中央安装小型琉璃喇嘛塔，与智慧海歇山顶上的三座喇嘛塔脊饰上下呼应。

（三）桥梁上的檐顶

桥、梁二字在古代是一个意思。段玉裁注《说文解字》解释“梁”字：“用木跨水，则今之桥也。”又“凡独木者曰杠，骈木者曰桥”。把独木桥和用木骈联的桥区别为“杠”和“桥”。因是跨水修桥，又称“水梁”。在陆地或空中架桥叫“天桥”“阁道”。后来，在桥上建亭廊，修屋殿，使桥从沟通的单一功能，成为观赏、休憩、避雨和集散商品等多功能的建筑物。

亭桥多建在古典园林的水岸。如北京颐和园的石桥上修建了一座方形亭子，四角攒尖顶，游人可在亭柱间的坐凳栏杆上休憩、观景。北海公园内的五龙亭，修建在前后错落的白石桥上。五亭的平面均为方形，但亭顶有所变化。正中为龙泽亭，重檐琉璃瓦顶，上圆下方；东侧名澄祥亭，西

北京颐和园亭桥

北京北海五龙亭 1

北京北海五龙亭 2

侧称滴瑞亭，均重檐四角攒尖琉璃瓦顶；再东叫滋香亭，再西为浮翠亭，都是单檐四角攒尖琉璃瓦顶。

河北承德避暑山庄水心榭是很有特色的亭榭桥。水心榭是山庄宫殿区与湖区的重要通道。湖区分为下湖和银湖，此为堤桥。桥下的桥墩与闸墩合一，作六孔券闸，桥上建亭榭三座。中为长方形重檐卷棚歇山顶，两翼为重檐四角攒尖顶。热河泉水注入湖内，深秋仍见荷花盛开，是为“荷花仲秋见，唯因此热泉”。

河北承德避暑山庄水心榭

五亭桥是江南的一座名桥，在江苏省扬州西郊瘦西湖。桥在莲性寺旁，因桥建在莲花埂上，又名“莲花桥”。清乾隆二十二年（1757 年）扬州盐商为迎奉乾隆帝下扬州而建。桥体青石砌筑，桥身由 12 个大小不同的桥墩，构成 3 组拱券。正中为半圆形大拱，两侧桥墩三面作小拱，全桥共计 15 个券孔。桥上正中建重檐四角攒尖亭，四翼各建单檐四角攒尖亭，亭间以桥廊相连。桥和亭的比例适度，石桥的稳重和亭廊的纤巧结合得恰到好处。桥下的相连拱券，亦为颇佳的观赏点。每当晴夜满月之时，每拱各含一轮明月，倒映湖面，更具诗情画意。

江苏扬州五亭桥

廊桥多在南方偏远地区，北方少见。这是一张历史照片，非常珍贵，因为桥已于 20 世纪 50 年代被拆除了。桥名“握桥”，在甘肃兰州市西郊。桥的形制为虹梁木拱桥，是以巨木搭架成大跨度的巨拱，利于桥下通航，并可预防山洪猛涨威胁大桥。桥上建贯通式木构长廊，行人可在廓内歇脚和躲避风雨。桥廊两端伸入桥头的楼阁，阁檐高低错落，虹桥飞跨，实为廊桥建筑的精品之作。

甘肃兰州握桥历史照片

江南廊桥

江南的廊桥则彰显出多种功能。如浙江武义的熟溪桥，桥长 140 米，在桥上修建长廊桥屋 49 间，中间为通道，两侧辟作商店，成为商品交易的市场。

在广西、贵州和湖南的侗乡，青山绿水之中，常常掩映着色彩鲜艳的廊桥，当地人称为“花桥”“风雨桥”。桥下砌筑粗壮的青石桥墩，墩上架

贵州侗寨风雨桥

设木梁和木板。桥上修建桥屋和桥亭，屋和亭的位置要和桥墩对应，以求稳固、安全。屋、亭之间以长廊连接。屋、亭的檐顶多为四角攒尖顶或歇山顶，有三重、五重、七重楼角，外檐还用雕刻、绘画装饰得多姿多彩，故名“花桥”。花桥具有蔽风避雨功能，也有游览观赏价值，还是侗族青年休息、社交和谈情说爱之地。

北方的楼桥则是另外一番景色。河北省井陉苍岩山上有座楼桥，坐落在福庆寺内。从山脚沿石涧入山，蜿蜒前行，有石磴三百六十级，拾级而上，可达福庆寺山门。门柱悬挂抱柱楹联：“殿前无灯凭月照；山门不锁街云封。”门前峭壁对峙、南北飞架三座石桥，其中两座桥上分别建造天王殿和桥楼殿。桥长 15 米，宽 9 米，为单孔弧券敞肩石拱桥，势若长虹，凌空欲飞。桥上的楼阁，面阔五间，进深三间周围廊。重檐九脊歇山顶，琉璃瓦黄绿相间，正脊安装驮塔狮子、飞马、仙人骑龙等脊饰。登楼俯瞰深谷，密林如海，云飘足下，如临仙山琼阁，大有“千丈虹桥望人微，天光云彩共楼飞”之势。令人心旷神怡，流连忘返。

河北井陉桥楼殿近景

河北井陉桥楼殿远景

在石舫上也有建楼的，那就是北京颐和园的清晏舫。

清晏舫俗称“石舫”，在颐和园万寿山西麓昆明湖岸边。清乾隆二十年（1755 年）建，石舫为木构中式舱楼，后被英法联军烧毁。光绪十九年（1893 年）重建，取“河清海晏”之意取名“清晏舫”。船体用巨大石块雕砌而成，长 36 米。舱楼仍为木构，但修建成外国游船的西洋舱楼，楼顶为两座中式屋顶，可谓中西合璧。

北京颐和园清晏舫

构 | 造 | 篇

类型多样的大屋顶是怎样建成的？这是建筑学的结构和构造问题。中国古代建筑的结构，分为框架结构和墙承重两大结构体系。前者是木结构，后者是砖石结构。木结构建筑就地取材，利用天然木材，立柱、搭梁、盖顶修建，可以营造出不同类型的房屋。木结构从七千年前的原始社会沿用至今，是中国古代建筑主要采用的结构类型。特别是形式多样，造型复杂的大屋顶的建造，更离不开木构架制作方便、安装灵活的诸多优点。

中国古代建筑的体形构造采用“三段式”，即由台基、屋身（包括梁架、墙体和斗栱）、屋顶三大部分构成。

同屋顶一样，台基是房屋的重要组成部分。台基的高矮尺寸，以建筑的大小确定。按照建筑的等级规格，有砖石台基和须弥座台基两种样式。

砖石台基由夯土台发展演变而来。《韩非子》有“尧堂崇三尺”，“第蜡土阶”。讲的是尧住的房子，台基有三尺高，台基和台阶都是土筑的。后来，在夯土台四周和台面包砌砖石，成为砖石台基。宋代和清代对台基的制式，都有具体规定。如清代规定，公侯以下、三品以上房屋台基二尺，四品以下至士民房屋台基高一尺。

须弥座是随着佛教从印度传来的，原为佛像的底座。它的形象是上下伸出带凸凹线条（建筑上称“枭混”）的台子，中间为束腰。最初用于佛像的坛台，以后扩展到宫殿和重要寺庙建筑的台基。中国最大的须弥座台基是北京故宫三大殿的台基，平面呈“工”字形，面积达 2.5 万平方米，由上、中、下三层汉白玉须弥座构成，通高达 8.13 米。由于台基高大，每层台面的外沿，均安装防护栏杆。计有透雕雕板 1414 块，龙凤花纹的望柱 1460 根。为便于三层台面雨天排水，栏板下伸出排水螭首 1142 个。

屋身位于房屋的中段，内竖梁架，外围墙体。大屋顶的重量由梁架支承，墙体的功能是防护，自古就有“墙倒屋不塌”之说。如果硬山顶是“硬山搁檩”做法，山墙也起承重作用。

木构梁架有抬梁、穿斗和井干三种结构体系。抬梁式构架是最普遍的木构架形式：先立木柱，在柱顶间安放横梁（大柁），横梁两端立矮柱，矮柱上放短梁（二柁），再上又是矮柱、短梁（三柁），层层叠叠直到屋脊，故又称“叠梁式”构架。穿斗式构架的特点是柱子较细，分布密集，柱间不使用梁柁，而是用木枋横向穿串连接成一副梁架，每根柱顶直接安放

抬梁式梁架

檩条。优点是木材用料细小，缺点是柱枋太多，影响使用空间，多在四川、湖南等江南地区使用。井干式木构架是用原木层层叠垒成方框式墙壁，用木板盖上屋顶，在林区之外极为少见。

墙体又称墙壁，虽不承重，但可以阻严寒酷热，挡雨雪风霜，隔嘈杂声音及防火拦水等。此外，还有美化建筑的作用。墙壁可用多种材料修建，如土筑、砖砌，以及木板墙、竹编夹泥墙等。

斗栱位于竖立的木柱与横向的梁、枋、檩之间，最初是屋顶和立柱之间的过渡木构件，是由“斗”形的方木块、“栱”形的长木条垒叠组合而成的。斗栱的功能主要是用垂直栱外挑，承托檐檩，使之出檐深远。转角斗栱外侧，挑出檐角如翼如飞，内侧利用杠杆原理支承屋顶的重量。数层栱条相叠，好似长条形弹簧，可减轻纵向立柱和横向木件相接的节点“切力”。关于斗栱的记载最早出现在《论语》中，“山节藻棁”，节就是斗。斗栱的发展变化明显，由大到小，由简到繁，由疏到密，是鉴定建筑年代的佐证。如唐宋斗栱硕大，约占柱高的三分一；元代缩小为四分之一；清代缩小到八分之一。明清时代的斗栱日趋纤小，功能减

天津蓟县独乐寺观音阁下层外檐斗栱内侧

天津蓟县独乐寺山门转角斗栱外侧

天津蓟县独乐寺山门转角斗栱内侧

退，装饰性增强。

中国古代建筑的屋顶不仅高大，而且房檐也是伸出墙体之外。房檐如同帽檐，大帽檐压得过低，会影响视线；房檐伸出太大，就要妨碍室内采光。下大雨时，雨水顺檐急下，还会溅湿木柱、墙根。为解决上述问题，需要一套科学、合理的屋顶构造。成书于春秋末、战国初的《考工记》有一段关于屋顶的描写："上欲尊而宇欲卑，上尊而宇卑，则吐水疾而溜远。"上尊是指屋顶坡度，越往上越陡峭；下卑是檐宇要低矮缓和。这样做可使雨水急流而下，到了屋檐就会缓和成曲水，流向远处。汉代以后，屋顶构造出现举折（清代称"举架"）、反宇和起翘做法。大屋顶的结构日臻完善，形象更加优美动人。

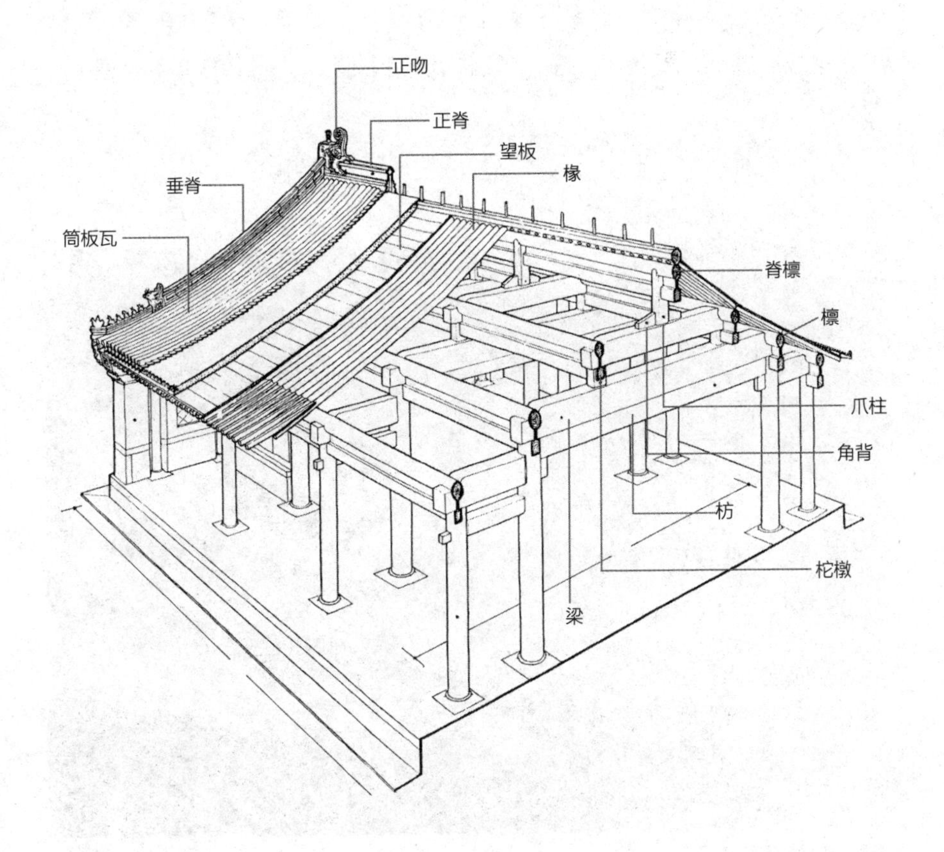

中国古建筑木架构图

一、举架

举架是指屋顶的坡度，屋脊的举高与进深的比例。《周礼》为战国中叶的《周官》，共六篇。其中“冬官”篇散失。汉代补以《冬官考工记》，简称《周礼·考工记》。书中有“匠人为沟洫，葺屋三分，瓦屋四分”的规定：草房屋脊举高为进深的三分之一；瓦顶为四分之一。如进深二十尺，则脊举高五尺。此后，宫殿、寺庙的屋顶坡度越来越大，而一般民居仍在“四分举一”左右。

清代的举架以檩子之间距离定制。两根房檩之间水平距离叫“步架”，垂直距离叫“举架”。最下一层举架是步架的十分之五，称作“五举”；上层是十分之七，叫作“七举”；最上一层是十分之九，为“九举”。这样，屋顶越往上越陡，越往下越缓，屋面出现凹形曲线。个中的奥妙就是举架的做法。

抬梁式顶部梁架

二、反宇和起翘

房檩是屋顶的承重构件，檩上要铺钉椽子和望板，承托泥背和瓦件。屋顶出檐怎么办？出檐的做法有三：第一，出檐短的用椽子，把椽子钉出檩头，叫作“檐椽”；第二，用挑枋出檐，南方穿斗式木构架的檐柱上，向外穿出挑枋承托出檐；第三，斗栱出檐，外檐斗栱层层出跳，外挑一根檩子，加大出檐，是宫殿、寺庙等大式建筑的做法。上述三法可加大出檐，檐口下垂影响采光又怎么办？这就产生了反宇和起翘做法。

反宇的做法。宇就是房檐，要求房檐不是斜垂向下，而是反方向上翘。作法其实很简单，在檐椽上头再加钉一个飞椽。飞椽不同于檐椽。檐椽是圆形的木棍，飞椽是方形木棒，有头有尾。飞头方形，占三分之一，飞尾削薄成扁三角形，叫“头一尾二”。头一伸出檐椽头外，尾二钉在檐椽身上，飞椽就上翘了。

起翘的做法。起翘指檐角，中国最早的诗歌总集《诗经》对大屋顶檐

转角斗栱和角梁

角有两句浪漫、优雅的描写:“如鸟斯革,如翚斯飞。”革,形容鸟展翅之态;翚,是说鸟鼓翼疾飞。后人将檐角称作翼角,多用“如翼如飞”形容它的优美。起翘的做法要比反宇复杂,主要是重量的负荷承载问题。屋顶转角是正面和侧面两方荷载的交汇处,椽子细小不能胜任。因此安装了一根粗大的角梁,从檐檩上外挑承托檐角,称作“老角梁”。要使檐角上翘,与檐口加飞椽一样,老角梁上加一根仔角梁。仔角梁伸出老角梁,又高于老角梁,有出翘和起翘双重作用。角梁两侧的椽子要低矮很多,需在檐檩垫一块长三角的木条,叫“枕头木”。椽子“睡”在枕头木上,越接近角梁越高,椽背与角梁背就渐次齐平了。如果从檐下仰视大屋顶的翼角,真好像大鹏展翅的模样。

三、屋面构造

檩、椽、角梁是屋面的骨架,望板、灰背和瓦件等覆盖材料是屋面的肌肤。由于中国南北地域和气候的差别,屋面骨架是相同的,“肌肤”差异很大。

北方的屋面厚重。椽子上要铺望板,由于屋顶漏雨,望板容易糟朽,有的建筑铺薄砖,有的是上铺望板,下铺望砖。望板上作灰背,用麦秸黄

木构檐角

重檐檐角

泥混合成“掺灰泥”铺厚 20 厘米左右，以求室内保温。泥背上宽瓦，先宽板瓦，又称“底瓦”。檐口的飞椽上要钉连檐和瓦口木。连檐是木条，以固定椽头。瓦口木钉在连檐上，为内凹半圆的连续形木条，一则可将滴水安坐在瓦口上，二则抬高了滴水的高度，三则遮挡住屋顶的灰背。所以连檐和瓦口木也是必不可少的构件。两块板瓦之间跨骑筒瓦，檐口宽勾头，勾头后背设小方孔，钉铁钉，安装钉帽。有人说，中国木结构建筑全是榫卯活，不用一根铁钉是不对的。勾头的钉帽就用铁钉。战国以来直到清末，都是用铸铁打制的方头铁钉。如果发现有圆帽洋钉，就说明是清末民初维修时钉上去的。

南方屋顶轻盈。首先表现在檐角，角梁不称老角梁和仔角梁，而叫老戗和嫩戗。老戗在下，形状和功能与老角梁相同。嫩戗在上，比仔角梁要短小得多，像一根飞椽，斜插在老角梁后背上，成 45°角甚至 60°角，戗头陡翘，外部用灰泥装饰成象鼻或鳌尖。屋面很少使用灰背，瓦面只铺板瓦，不盖筒瓦。有的屋面连望板、望砖都不用。在椽子上直接盖板瓦。晴天时，在室内用竹竿把瓦片挑开，做成通风透气的天窗。

广州陈家祠堂屋顶梁架

天津广东会馆卷棚顶梁架

广东地区常见一种卷棚顶的游廊，月梁和顶椽都制作得很精致。顶椽又叫“罗锅椽”，因位于两根檩子之间，椽身驼背弯曲像罗锅，故名。广东陈家祠堂的屋顶梁架毕露，叫作“彻上露明造”，结构严谨，井井有条。南方屋顶木架多用黑漆或素油，显得格外素雅，与轻盈的造型协调一致。

木柱和檐角

飞椽檐椽细部

北方官式建筑的外檐装修，多施油漆彩画，同厚重的屋顶也很配套。

福建的客家土楼，外部为土墙承重，内部仍为木结构。如土楼内，房间的分割是木构的，屋顶用挑枋出檐，檐头安木椽，承托望板和板瓦，也

福建土楼梁架和屋顶

福建土楼屋檐结构

是木构屋顶的做法。

在江南和西南地区，还有一种“干栏式”建筑，修建在临水、潮湿或丘陵地带。特点是立柱网，离开地面1～2米处放梁、铺板，做成平台，然后在平台上架梁、檩，盖屋顶。平台上住人，平台下辟作猪圈、牛栏。屋顶两坡，多为草顶。产竹之地，可砍竹做柱、梁、檩、枋，屋面用竹片铺盖，叫作竹楼。

干栏式建筑

干栏式建筑是中国古代最早的木结构建筑类型之一。1973年在浙江余姚县河姆渡遗址中，发现距今6000～7000年的干栏式木结构房屋构件数干件。最早的为栽桩架板式，是将木桩打入土层，在木桩上安置木龙骨，横、竖木柱和木板，做成干栏木骨架。最令人惊奇的是木构件上的榫卯，只用石器和骨器，就能制作出燕尾榫、企口榫、双叉榫等十多种式样。

草顶民居

装 | 饰 | 篇

大屋顶的装饰和帽子相似。帽子的等级规格不同,使用的材质也不一样。普通帽子用麻布缝制，高级的用绸缎、呢绒或皮革，帽檐和帽顶做一些花边或镶嵌。皇冠用贵重的金丝精心制作，并点缀奇珍异宝。中国古代建筑屋顶的装饰也是这样：一般房屋用青瓦铺装；庙宇多用琉璃瓦镶边；皇宫用琉璃瓦修建。北京紫禁城的大屋顶全用最尊贵的黄琉璃瓦，好似金色的皇冠，熠熠生辉。宽大的屋檐装饰着双重花边：下边是雕刻龙、凤花纹的瓦头，就像轧花的金片；上面是半圆形的钉帽，每个瓦头上扣一个，好似金黄色的串珠，高雅华贵。陡峭的屋脊上点缀着大大小小的奇形异兽：正脊两端是高大的龙吻；垂脊尽端为垂兽，角脊上站着骑凤的仙人，仙人后边是龙、凤、狮子、天马、海马等一溜脊兽。脊兽的数量，最少是一个，最多是九个。古人把数字划分为阳数和阴数，单数（奇数）为阳数，双数（偶数）为阴数。脊兽取阳数。北京紫禁城太和殿是特殊级别，在九个脊兽后面加了一个“行什”。“行什”是一个带翅膀的猴面武士，手持护法的金刚杵。“行什”压阵，可谓“十全十美”。

帽子里面有衬里，大屋顶里面有顶棚。顶棚要比衬里复杂得多。一般的顶棚吊顶是灰顶或糊纸棚。高级的顶棚是天花板，板面绘彩画。宫殿和寺庙的中央，为突出皇权或主像，要做高于四周天花板的藻井，贴金漆绿，富丽堂皇。装饰离不开色彩。大屋顶的色彩在世界建筑中是最丰富的。皇

北京紫禁城神武门鸟瞰

北京天安门重檐翼角

宫金碧辉煌，民居素雅淡妆，家祠五彩斑斓。中国古代对颜色的认识，不是一成不变的，而是随着朝代更迭而改变的。如秦王朝尚黑，皇帝的衣服、冠冕都是黑色。汉代尚赤，建筑喜用红墙。明清时代流行黄、青、赤三色，赋予颜色象征意义是：黄色象征权力，青（蓝）象征富贵，赤色象征兴盛。

大屋顶的装饰，包括吻兽、脊饰、瓦饰、山面装饰、顶棚装饰和色彩六个方面。

河北清泰陵隆恩殿

一、吻兽

（一）吻兽的种类

北京紫禁城太和殿正吻

吻兽包括吻和兽两大类。吻有正吻、合角吻和螭吻三种。兽有垂兽、戗兽、套兽和脊兽四种。

正吻，在正脊两端，张嘴咬住正脊，好像吻脊一样，故名。形象为龙，又称“龙吻”，体形高大，又叫“大吻”。这里有一张北京故宫太和殿正吻的特写照片，可近距离观赏正吻的形象和纹饰：前部下端为龙头，张着大嘴吞吻正脊。嘴唇很宽很厚，前露龙齿，后出龙须。唇上为凸出的龙眼，目视前方；唇侧为龙耳，作响螺曲卷状。龙体刻满鳞片，正中浮雕龙腿和龙爪。上身雕一飞龙。龙尾外卷。龙背正中插剑把，浅刻如意头。后背伸出带角的龙首，称作“背兽”。

合角吻，在重檐庑殿顶和重檐歇山顶的下檐上端，前后左右都有一条

北京紫禁城太和殿合角吻正面

北京紫禁城太和殿博脊合角吻

北京紫禁城天尊阁下层瓦顶合角吻

北京安定门正脊螭吻

博脊。博脊两端都有形似正吻的龙吻，四个转角处，吻背相连成 90° 直角，故称合角吻。这是北京紫禁城太和殿的合角吻，体量比正吻要小得多，形象、花纹都一样，由于吻的后背成合角，所以没有背兽。合角吻的下部，与下垂的角脊相连，脊端置脊兽。

螭吻，为城门楼子和长城的敌楼铺房专用。正脊两端的正吻，不吞吻正脊，而是转头180° 向外，嘴唇紧闭，双眼瞭望远方。故又称“望兽”，北京有叫“带兽”的。

垂兽，安装在庑殿顶、硬山顶和悬山顶的垂脊前部。兽后的脊较高；兽前的脊较矮，以便安置脊兽。歇山顶则在垂脊下端安装垂兽，用以封护垂脊。垂兽的形象与望兽相似，嘴唇紧闭，双目直视远方，头顶伸出一对鹿角，龙须后飘，斜向上方。兽身饰浅雕鳞片，中部高浮雕兽腿和兽爪。与望兽不同的是上身没有飞龙雕饰。

北京紫禁城太和门垂兽前面

戗兽，又称岔兽。在歇山顶戗脊，也是在角脊的前部，为头顶双

北京紫禁城保和殿戗兽侧面

北京紫禁城太和殿下檐角套兽

硬山垂脊走兽

角的异兽，又称“角兽”。形象与垂兽完全一样。

套兽。庑殿顶、歇山顶檐角下的仔角梁，是出檐最长的木构件，为防雨淋，在榫头上套一个兽头形瓦件，故名。形象与垂兽相似，只做兽头，双角紧缩，仅留小的凸包。

脊兽，又称“小兽”。清代称“走兽”，单数排列，最多九个。前面以仙人骑凤领队。

仙人骑凤

仙人骑凤，在角脊的最前端，仅在琉璃瓦饰件中使用。仙人束冠，面相安详，须髯很长，身穿长袍，肩着披风，是古典仙人的标准图像。凤做蹲卧状，凤头翎毛很长，凤尾饰如意祥云。

九个脊兽，领头的是龙。

龙，是中国古代传说中一种有角、有须、有鳞的神异动物。能幽能明，能细能巨，能短能长，能升天兴云布雨，是珍异、高贵、吉祥的象征。龙的形象，历经六千年历史演变，最终有九似之说：头似驼，角似鹿，眼似兔，耳似牛，项似蛇，腹似蜃，鳞似鲤，爪似鹰，掌似虎。龙体可分两种，一种躯干像大蛇，称蛇体龙；另一种身体像猛兽，叫兽体龙。龙也有雄、雌之分：因龙角与鹿角相似，雄鹿有角，故雄龙头生双角，雌龙无角。另一特征是胡须，雄龙有长须，雌龙无须。雌龙又称“螣蛟”，蛟吐水发大水。雄龙吸水，兴云降雨。

龙

脊兽上的龙是兽体龙，为蹲坐状，龙须长垂，龙角横于眉上，是为雄龙。龙角还有一说，古称龙角为“尺木”。《论衡·龙虚篇》说：“龙无尺木，无以升天。”说明龙有神性，不用羽翅，有角就能升天。

凤，是中国古代传说中的鸟王，凤凰的简称，又名“凤皇”。雄为凤，雌名凰。《尔雅·释鸟》郭璞注：“鸡头、蛇颈、燕颔、龟背、鱼尾，五彩色，高六尺许。”这是古人对凤较早的形象描述。后人对凤加以美化、神化，说凤是锦鸡的头，鹦鹉的嘴，鸳鸯的身，仙鹤的足，大鹏鸟的翅膀，孔雀的羽毛。凤是鸟王，每天都要

凤

接受百鸟的朝拜。因此，民间流行“百鸟朝凤”的装饰图案，象征高贵和荣华富贵。古人还有“凤鸣朝阳”之说,《诗经》吟唱:“凤凰鸣矣,于彼高岗;梧桐生矣，于彼朝阳。”比喻凤凰在太阳初升时鸣叫，是稀有的吉兆。所以凤凰自古以来，就是吉祥的象征。清代把龙和凤合在一起，以“龙凤呈祥”的字对和装饰来庆贺新婚之喜，寓意新人吉祥如意，美满幸福。

脊兽上的凤作蹲坐状。凤冠丰满飘逸，面容安详。颈羽很美，长长的翎毛,梳理成内卷的羽梢。双翅收翘。凤尾很长,给人以“长裙拖地”之感,与两条修长的凤腿，构成三角支撑，形态稳健、生动。

狮子，原产于非洲、南美和印度。汉武帝派张骞出使西域，“殊方异物，四面而至”，狮子亦随之输入我国。古人运用取舍、集中、夸张、变形的手法，对狮子的形象进行理想化塑造，成为辟邪、吉祥的瑞兽。古人认为，狮子可以“拉虎，吞犀，裂犀,分象”,猛悍暴烈。南北朝时期,石雕狮子就叫“辟邪”，置于墓冢之前，作行走状，威严雄伟。唐代以后,狮子体态为蹲坐式,多置于宫殿、寺庙、衙署大门两旁。明清时期，富贵人家的门墩儿上，也雕刻石狮，玲珑可爱，给宅院增添几分喜庆和吉祥。狮子造型有雄雌之分：雄狮头、颈有鬣,雌狮不长鬣毛。门墩等小型狮雕,足踏绣球为雄,怀揽小狮为雌。佛教寺院也用狮子做装饰,文殊菩萨以狮子为坐骑。佛家还有“狮子吼”之说,形容佛家说法，声音震动很大，如狮子作吼状，群兽慑伏。

狮子

屋脊上的狮子，体态为蹲坐状，稳重、威武。头、颈的长鬣，螺旋交圈成半球形。尾毛很长，飘动洒脱。

天马，中国古代传说中的神马。汉代将西域良马称为天马，后神化，可“追风逐日，凌空照地”，是神奇和吉祥的化身。屋脊上的天马为蹲坐式，马头长双角，鬃毛长披，肩置羽翅，马尾上飘，颇显威严神奇。

海马，中国古代传说中的神马。可“入海潜渊，逢凶化吉”。与天马对应，一个通天，一个入海，神通广大，是尊贵、神奇、吉祥的象征。屋脊上的海马形象与天马相似，仅有一别：双肩不出羽翅。

狻猊，中国古代传说中的异兽。能食虎豹，凶猛善行，象征百兽率从。有记载称狻猊就是狮子。民间传说，

天马

海马

狻猊

狻猊为龙王的五子。屋脊上的狻猊形象与狮子相似，但头顶上的长鬣，顺直向下，不作卷毛。

押鱼，中国古代传说海中的异兽。能兴云作雨，灭火防灾。屋脊上的押鱼为蹲坐状。龙首，鱼身，背生长鳍，通体饰鳞片。尾鳍拖地。

獬豸，中国古代传说中的异兽，又称“神羊”。能辨曲直，善明是非：“见人斗，触不直者；闻人论，吓不直者。”古代法官的帽子叫“獬豸冠”，《后汉书·舆眼志》：“法冠，执法服之……或谓之獬豸冠。獬豸，神羊，能别曲直，楚王尝获之，故以为冠。”是正直、公允的象征。屋脊上的獬豸形象与押鱼大体相似，龙首，但无鱼鳞，无鱼尾，兽尾上翘飘逸。

押鱼

獬豸

斗牛，中国古代传说中的神兽。能入海升天，作云布雨，是除祸灭灾的吉祥镇物。屋脊上的斗牛为蹲坐状，牛头，身、尾、足与蹲龙相似，但无脊鳍。

斗牛

行什

九个奇禽异兽，天上飞的有龙、凤、天马；地上走的是狮子、狻猊、獬豸；水中游的为海马、押鱼和斗牛。它们各司其责，在世间辟邪、镇灾、降福。

行什，中国古代羽化的神人。能行、能飞，神通广大。为站立武士的形态，猴脸、平冠，上身袒露，肩着披风，背出双羽，双手紧握金刚杵，威风凛凛。全国仅在北京紫禁城太和殿放置，独一无二。

（二）宫殿吻兽

吻兽的安放有严格规定，只能用于大式建筑，根据等级和体量，决定脊兽的数量。宫殿是安放吻兽最多的地方。宫殿是指帝王专用的建筑群。宫，最早是房屋的通称，《尔雅·释宫》：“宫谓之室，室谓之宫。”后来，将帝、后的住所称为宫。道教建筑也多称作宫，如永乐宫、上清宫。殿，秦汉以前叫堂，《说文》：“堂，殿也。”原指帝王举行礼仪和办公的建筑。后来，通指大型公共建筑，如佛教建筑天王殿、大雄宝殿等。

北京紫禁城太和殿吻兽最大、最多。太和殿正脊两端的龙吻最大，高3.4米、宽2.68米、厚0.32米，重4.3吨，由十三块黄琉璃瓦拼接为一个整体，俗称“十三拼”。在中国古代大屋顶吻兽中，形体和重量，都是最大的。

太和殿吻兽的数量也是最多的：正吻2个，上檐垂脊上的垂兽4个，四条角脊上的脊兽40个，四根仔角梁上的套兽4个；下檐博脊上的合角吻4对8个，垂兽4个，脊兽40个，套兽4个；上、下檐角脊上的仙人骑凤8个，共计114个。

紫禁城内，规格品级仅次于太和殿的是皇极殿，重檐庑殿黄琉璃瓦顶，内设皇帝宝座。太上皇乾隆曾在此举行“千叟宴”，宴请90岁以上老叟和群臣达5000人。在此还举办过慈禧太后六十和七十寿诞。

北京紫禁城太和殿上檐垂兽及走兽

乾清宫的垂兽和脊兽。从乾清宫大屋顶的一角，可清晰看到垂脊、垂兽、脊兽，筒瓦和钉帽。其中脊兽在仙人骑凤之后，共9个，比太和殿只少1个。

乾清宫是明代皇帝的寝宫，从永乐至崇祯共14位皇帝居此。由于宫殿内过于高大、宽敞，便将殿内分隔为几个单间，上下两层，计有暖阁9间，龙床27张。一来后妃得以进御，二来皇帝就寝床位可随意变动，无人知晓，以防不测。清雍正皇帝移住养心殿，乾清宫成为清帝召见廷臣、处理日常政务和举行宴筵的场所。乾清宫内也举办过“千叟宴”。

在后三宫中，坤宁宫是皇后的寝宫，依然是重檐庑殿黄琉璃瓦，但脊兽少了 2 个,成为 7 个了。东西六宫中的承乾宫、永和宫和永寿宫等为贵妃、后妃居住，为单檐歇山黄琉璃瓦顶，脊兽也剩下 5 个了。

雨花阁垂脊上的镏金走龙。在北京紫禁城宫殿中，有几处宗教活动场所。如道教的天穹宝殿、钦安殿；佛教的宝华殿、宝相楼、吉云楼、梵华楼、咸若馆、雨花楼等。屋顶形式多为黄琉璃瓦歇山顶，脊兽 5 个。只有雨花阁与众不同，独具特色。

雨花阁在紫禁城内廷西部，为方形楼阁，上下三层。三层屋顶色彩各异：下层为孔雀蓝琉璃瓦黄剪边；中层是黄琉璃瓦宝石蓝剪边；上层为四角攒尖顶，铜胎镏金瓦，四条垂脊顶端不安装脊兽，饰以 4 米长的镏金走龙。屋顶正中的宝顶耸立 3 米高的金塔。

（三）城楼上的吻兽

明清时代的北京有紫禁城、皇城、内城和外城四重城墙。紫禁城有午门、神武门、东华门和西华门。城门上筑高大的城楼，重檐庑殿黄琉璃瓦顶，正脊安装龙吻，角脊安放 9 个走兽，规格很高。皇城有天安门、地安门、东安门、西安门。天安门为皇城的正门，规模宏伟，重檐歇山黄琉璃瓦顶，正脊安装龙吻，角脊安放 9 个走兽。其余三门较小，无城台，单檐歇山黄琉璃瓦顶，龙吻一对，角脊安放走兽 7 个。内城 9 座城门，东、西、北城墙各 2 座，南城墙 3 座。外城是向南扩展的城墙，南墙城门 3 座，永定门为南端的正门；东西城墙各开城门 1 座；北城的城门，也是内城的 3 座城门。其中，内城的 9 座城楼和外城永定门城楼的规制，与紫禁城和皇城的城楼大不相同。这些城楼上下两层，中间加一层平座、腰檐，楼顶为重檐歇山顶，形成三重檐楼阁式，俗称“三滴水楼”。楼顶为青瓦绿琉璃瓦剪边。正脊两端不用龙吻，安装望兽。博脊转角不用合角吻，安装合角望兽。角脊上去掉仙人骑凤，安置走兽狮马。

北京安定门城楼的望兽。安定门是内城北城墙东侧的城门，由城墙、城楼、瓮城和箭楼组成。在京师的城市防御工程体系中，是一套完备的城防工事。城楼面宽 31 米，进深 16 米，面宽五间周围廊。楼高 22 米，建筑在高大的城台之上。“三滴水楼”做法，重檐歇山顶，青瓦绿琉璃剪边。由于强调城楼的防御功能，正脊两端不安装龙吻，而是安置望兽。望兽的形象与龙吻差别很大，形体向外，没有剑把和背兽，头顶一对弯月形兽角，双目凝视远方，好似瞭望敌情。

北京内城的 9 座城门中，只有正阳门的城楼和箭楼、德胜门的箭楼得以保存下来。其他几座城门和外城的永定门均已全部拆毁。这一张安定门照片，是 1969 年拆除城楼时拍摄的。

北京安定门箭楼历史照片

北京正阳门城楼吻兽。正阳门是北京内城的正门，俗称“前门楼子”。原由箭楼、瓮城和城楼组成，现仅存箭楼和城楼。两座楼子的正脊两端均安装望兽，角脊上置脊兽。

这是一张正阳门全貌的历史照片。箭楼和城楼之间以半月形的城墙相

北京正阳门全景历史照片

连，称为瓮城。瓮城的东西两侧，设置了券门，是供守城官兵出入的，而城楼的正门则只供御驾专用。瓮城是为防止从城内出兵或从城外退兵时，敌兵冲杀进城而增建的一道防御工事。一旦敌军进入瓮城，就马上关上城门，来一个“瓮中捉鳖”。

东南角楼的吻兽。北京内城除开辟 9 座城门之外，还在城墙的四角上修建角楼。现仅存东南角楼。当火车徐徐开往北京站时，一座高大的角楼

北京东南角楼

映入眼帘,东南角楼成为古都北京标志。角楼是古代北京内城的防御性建筑。上下 4 层设箭窗，两个看面每层各开箭窗 14 个；两个侧面每层各开箭窗 4 个，共计 144 个。楼内铺设楼板，供士兵放箭使用。箭楼楼顶为重檐歇山顶，青瓦绿琉璃剪边。两面的正脊的两端安装望兽。角脊上安放脊兽 5 个，狮子领队。

北京钟、鼓楼上的吻兽。北京钟、鼓楼楼顶规制与城楼相同。重檐歇山顶，削割瓦（没有上釉的琉璃坯子瓦）绿琉璃剪边。正脊两端安装望兽。鼓楼安放望兽,还有一段传说。北魏时期,山东兖州一带盗寇猖獗,民不聊生。盗贼行动迅速，官兵追捕总是落空。后来，刺史李崇想出一个好办法，命令州内各村修建鼓楼，楼顶安装望兽，盗发之时，村民击鼓，四周各村始闻者再鼓，由此一传十,十传百，诸村民皆守要路，盗贼无路可逃，只能束手就擒。以击鼓传递信息，是汉代烽火台传递军情的创新和发展。盗贼只要看见高楼上有望兽,可判定此处建有鼓楼,只好“避”而远之。明清时期,除京师外，各州、县也都修建钟楼和鼓楼。听晨钟以开市面，闻暮鼓以报平安。晨钟暮鼓，上表于天，下乐以民，是古人对和平、安康、幸福的向往和企盼。

（四）寺庙吻兽

寺庙是中国现存年代最长、数量最多、分布最广的古代建筑。寺庙吻兽不像皇家琉璃瓦吻兽那样规范、严谨，颇具地方、民间特色。

1. 佛教寺庙吻兽

佛教是公元前 6 世纪由古印度迦毘罗卫国王子乔答摩·悉达多（即释迦牟尼）创立的。佛教传入中国，有这样一段故事。东汉初年，明帝刘庄夜梦一高大金人，项生白光，飞绕殿庭。翌晨，博士傅毅奏道，臣闻西域有得道者名曰“佛”,陛下梦见的金人如同佛一样。于是,明帝就派大臣蔡愔、秦景出使天竺（古印度）拜佛求经。汉永平十年（67 年），使臣和天竺高僧用白马驮载佛经、佛像，回到京城洛阳。明帝修建了译经传教的白马寺。

北京钟楼

北京鼓楼

从此，“寺”便成为我国佛教僧院的泛称，在各地兴建。

五台山南禅寺。山西省五台山是中国著名的佛教圣地。山内佛寺自东汉末年始建以来，多达数百座。在现存的58座之中，南禅寺是最古老的一座。南禅寺大殿重建于唐建中三年（782年），是中国现存年代最早的木结构建筑。大殿坐北朝南，平面近方形，结构简练。木柱以上以宏大的斗栱承托屋檐，举架平缓。单檐九脊歇山顶，屋脊上的吻兽早已无存。正脊两端安放鸱尾，是根据唐代出土文物复原的，建筑造型朴实无华。

山西五台山南禅寺梁架

独乐寺观音阁。独乐寺在天津市蓟县西大街。观音阁重建于辽统和二年（984年）。阁上下两层，中间设一暗层，实为三层，通高23米，是中国最古老的高层木结构楼阁。阁内正中耸立11面观音像，高达16米，是国内最大的泥塑之一。阁内充分发挥木结构墙体不承重、空间运用自如的优点，使三层大阁完全围绕观音大佛建造，达到结构、实用和审美功能的

山西五台山南禅寺

协调统一。阁顶为九脊歇山青瓦顶。正脊饰二龙戏珠图案，中央立阁楼，两端安放龙吻，均为明代改装的。上下檐的垂兽与众不同，为武士骑狮形象：武士身着战袍，狮子作行走状，昂首张嘴长吼。脊兽上檐 4 个，下檐 3 个，兽前均为武士，似为宋代称为傧伽者。脊兽的个数没有定制，也是宋辽脊兽的特征。

天津蓟县独乐寺观音阁结构

天津蓟县独乐寺观音阁

天津蓟县独乐寺观音阁脊兽

天津蓟县独乐寺观音阁观音像

少林寺初祖庵。少林寺在河南登封少室山北麓，为佛教禅宗发祥地，又因少林功夫而闻名海内外。初祖庵传为禅宗初祖达摩面壁之处。大殿建于北宋宣和七年（1125 年），殿内石柱雕刻和木构架均保留原貌，是研究宋代建筑的典型实例。大殿面阔三间，进深三间，单檐歇山顶。屋顶檐口为绿琉璃瓦剪边，屋面筒瓦饰三排钉帽。正脊两端的龙吻颇具地方特色，龙头上的龙角前翘，龙尾作蛇尾状弯曲上翘，一条龙腿斜直翘转向内，好似鸱吻，与明清时期的龙尾收转向外迥然不同。

河南登封少林寺初祖庵

2. 道教宫观吻兽

道教是中国土生土长的宗教，东汉明帝时（128—144 年）由张道陵创立。道教祀神的场所称观，观是一种楼阁建筑。规模较小的观叫作道院，规模宏大的观称为宫。建筑形式与宫殿、佛寺相似。“仙人好楼居”，宫观里多建筑楼阁。

芮城永乐宫，原在山西省永济市，原是道教八仙之一——吕洞宾的诞生地，初为吕公祠，金朝末年扩充为道观，元代升观为宫，大规模扩建，自蒙古太宗四年（1232 年）至元至正十八年（1358 年），前后修建了 126 年。1959 年因修建黄河三门峡水库，将全部建筑完好地迁至芮城龙泉村。

永乐宫的主要殿堂有宫门、龙虎殿（无极门）、三清殿、纯阳殿和重阳殿 5 座。其中三清殿是主殿，殿内供奉太清、玉清、上清神像，故名。殿建于元中统三年（1262 年），元泰定二年（1325 年）河南洛阳人在殿内绘制《朝元图》壁画，场面恢宏，构图严谨，色彩绚丽。其摹本曾赴日本展出，轰动海内外。三清殿的屋顶为单檐五脊庑殿顶，黄、绿、蓝三色琉璃瓦剪边。正脊雕饰二龙戏珠图案，两端的鸱吻与初祖庵相似，但蛇形尾尖已与内翘的龙爪并拢，后背出现了背兽。

山西芮城永乐宫三清殿

武当山金殿。武当山在湖北省均县，是中国著名的道教圣地。明初燕王朱棣称，得北神真武大帝相助，南下“靖难”。从侄子朱允炆手中夺取皇位，改元永乐，迁都北京。下令在武当山修建宫观，以真武大帝为主神。在风景清幽的紫霄福地修建气势恢宏的紫霄殿，殿内供奉铜铸镏金真武神像。永乐十四年（1416 年）又在天柱峰上修建金殿。金殿象征天帝的金阙，殿内供奉真武神像。古代铜亦称金，金殿是铜铸镏金的殿堂。武当山金殿为仿木结构宫殿。使用等级规格最高的重檐庑殿顶，正脊两端的龙吻，檐角的仙人、脊兽，甚至合角吻等均与北京紫禁城皇宫一模一样。

天津玉皇阁，在天津南开区老城东门外，坐西朝东，面对海河。原有旗杆、牌楼、山门、前殿、清虚阁、三清殿等，现仅存清虚阁。阁内供奉玉皇大帝铜像。传说玉皇在上天总管三界、十方、四生、六道一切祸福，职权最大、地位最高，号称“昊天金阙至尊玉皇大帝”，是神仙世界的皇帝。玉帝诞辰是农历正月初九，中国古代阳数始于一而终于九，这是极尊的日子。

湖北武当山金殿

天津玉皇阁正面

天津玉皇阁上层正吻脊兽

天津玉皇阁屋顶

正月初八，天上全星下界，善男信女都到玉皇阁祭星求顺。玉皇阁于明宣德二年（1427 年）重建，屋顶装饰仍保留明代特点。上下两层屋面均为黄琉璃瓦绿剪边，上层为九脊歇山式，屋面正中铺菱形绿琉璃瓦。正脊两端的龙吻，在卷尾顶上安装铁铸枝叶形“拒鹊”（可防止鸟鹊损害吻兽），为外地罕见。上层的垂兽，一为仙人骑狮，二为龙首蛇身，均具早年垂兽特征。外地琉璃饰件无此形状。

宁河天尊阁，位于天津市宁河县丰台镇，丰台镇因与北京市丰台东西相对，故名东丰台。东丰台距唐山市 45 公里，丰南市 35 公里，位于宁河、宝坻、玉田、丰润四县交界处，天尊阁是远近驰名的道教建筑。1976 年唐山大地震，附近民房倒塌甚多，此阁安然无恙，为我国古代建筑抗震性能的研究提供了重要实例。天尊阁上下三层，下层称天尊阁，中层为王母殿，上层是紫微殿。青砖、青瓦，民间大式作法。阁顶为九脊歇山式，正脊雕

天津宁河天尊阁

天津宁河天尊阁正脊和龙吻

饰二龙戏珠，两端安装龙吻。龙吻雕刻较琉璃瓦简约，龙尾卷曲较松弛，外沿为三角形尾鳍，是民间龙吻常见的手法。

杨柳青文昌阁，位于天津市西青区杨柳青镇南运河南岸。文昌原为中国古代对北斗七星中魁星以上六中星的总称。传说文昌星是主宰功名、禄位之神。元代加封为“文昌帝君”，各地建庙供奉。杨柳青文昌阁为砖木结构，六角三层。首层正面设券门，其他五面砌封闭砖墙；中层正面作隔扇门，另五面开设八角形或圆形透窗；上层各面均置隔扇门窗，外檐设回廊，可登临远眺运河风光。阁顶为六角攒尖式，顶尖置红色宝珠。宝珠基座外围，雕饰六个吞脊兽，吞住六条垂脊。上层角脊上安放5个脊兽，中层和下层均安放1个脊兽。三层檐角顶端不置仙人骑凤，而是蹲坐的武士。杨柳

天津文昌阁

天津文昌阁吞脊兽

青文昌阁建于明崇祯七年（1634 年），角脊前端蹲坐武士，尚存宋式遗风。垂脊上端安装吞脊兽，则为地方风格，外地罕见。

安装吞脊兽还有一例，它就在天津文庙。文庙，又称孔庙，是纪念和尊祀孔子的庙宇。唐代封孔子为文宣王，下令在全国州县建庙，称“文宣王庙”，简称“文庙”。

天津文庙在天津南开区老城东门内。明正统元年（1436 年）创建，始称“卫学”。清雍正三年（1725 年）改卫为州，九年（1731 年）又升为府，十二年（1734 年）在府学西侧另建县学，形成天津文庙、学庙合一，府县并列的格局。府庙建筑体量大，规格高，覆盖黄琉璃瓦；县庙则使用青瓦。大成殿为庙内主体建筑，“官式”“大式”做法。殿内供奉孔子、四配、十二哲的神位和牌位。孔子是我国古代集文化大成的“至圣先师”，故名“大成殿”。殿建造在高大的砖石台基之上，前出月台，陈列祭乐礼器。月台正面铺雕龙的御路石。屋顶覆盖黄琉璃瓦，单檐九脊歇山顶。其中正脊两端的龙吻与垂脊交接处，放置一个吞脊兽，吞住垂脊顶端，大成门和棂星门亦然。与北京等地的琉璃瓦吻兽不同，是为天津地方特色。

天津文庙吞脊兽

天津文庙大成殿

3. 清真寺以花代兽

清真寺是伊斯兰教寺院的别称。“伊斯兰”是阿拉伯语的音译、意为“顺从”。伊斯兰教是公元7世纪阿拉伯半岛麦加人穆罕默德创立的宗教，与佛教、基督教并称世界三大宗教。自唐代传入中国以来，经宋元时期流传，至明清时穆斯林称伊斯兰教为清真教，称其寺院为清真寺。伊斯兰教建筑在中国形成了三种不同类型：一是东南沿海少量的阿拉伯风格礼拜寺；二是中原地区回族清真寺；三是西北地区维吾尔族礼拜寺。其中回族清真寺，在中国古代传统建筑的基础上，融入浓郁的宗教艺术元素，是世界上最具中国特色的伊斯兰教建筑。伊斯兰教不做偶像崇拜，反对拜物，不许使用动物纹样装饰。大屋顶上的吻兽如何处置呢？如果统统去掉，大屋顶就显得秃头秃脑的，聪明的建筑师采用以花代兽的办法，既严格遵守了伊斯兰教义，又保持了屋顶吻兽的建筑风貌。具体做法是将回族清真寺常用的菊、荷、牡丹做成缠枝团花。团花的大小和造型根据吻兽的形象来烧制。

天津清真大寺，在天津红桥区小伙巷。大寺根据伊斯兰教制度，以中国古代木结构宫殿式样修建。坐西朝东，使礼拜者能够面向阿拉伯麦加的“克尔白”天房。大寺的内外檐装修，无论是隔扇门窗，还是瓦顶脊饰，每

天津清真大寺礼拜殿外景

项砖雕木刻，都严格遵循伊斯兰教教义，无偶像，不做任何动物纹样，同时又保持了中国古代建筑装修的造型和风格。特别是各层殿宇的正脊、垂脊的花饰和正脊两端、垂脊下端和角脊上的脊饰，均改为花卉图案。角脊上安装的团花，依排列位置不同，形态各异，惟妙惟肖。

沁阳清真北大寺，在河南省沁阳市，明始建，清重修。大门和礼拜殿均覆盖琉璃瓦，为外地少见。大门三间，蓝琉璃瓦单檐歇山顶。礼拜殿为砖结构，重檐两层，下檐南面和北面出山花，上檐为歇山十字脊，黄、绿琉璃瓦顶。两层檐角和脊饰均以植物图案和形态各异的团花点缀，上檐正脊安装高大的宝瓶，在四面大型团花的簇拥之中，更显高贵、华丽。

陕西西安化觉巷清真寺，建于明代，前后五进院落，占地约 12 000 平方米，是著名的中国传统形式的清真寺。寺中最有特色的是一真亭和碑楼。一真亭前部正中为六角攒尖亭，后部檐下平伸廊子，廊端又接出六角攒尖亭各一，宛如凤凰展翅，比翼双飞。碑楼为保护石碑而建，青砖砌筑，九脊歇山顶。脊饰和碑体的砖雕，均为植物题材的花卉图案，刻工精细，造型生动。

河南沁阳清真北大寺

陕西西安化觉巷清真寺碑楼

（五）南方吻兽

琉璃鳌尖

中国南方屋脊上的吻兽与北方不同。因为南方建筑轻盈明快，如果将北方厚重的吻兽安装上去，就会显得很不协调。南方屋顶由于檐角上翘作飞翼状，大多不安装脊兽。大多在垂脊的前端做成反翘的鳌尖，出檐稍短的安放走狮或夔龙。正脊两端的正吻造型多变，大体分为四种形式：一是龙吻形，龙尾卷曲不并拢，盘曲上翘，边缘饰三角形鱼鳍。二是鱼吻形，龙吻、鱼尾，双鳍尾凌空高翘。三是鳌鱼形,无龙吻,一条整鱼作竖立状。四是走龙形,为蛇形龙作行走状。

苏州玄妙观三清殿在江苏苏州观前街。三清殿重建于南宋淳熙六年（1179 年），面阔九间，进深六间，是江南现存最大的木构建筑。重檐九脊歇山顶。檐角作鳌尖，高翘入云。正吻为龙吻形，龙尾外卷，生动活泼。

苏州“先忧后乐”牌坊在苏州天平山范仲淹祖居“范氏义庄”。牌坊为四柱五楼式，通体石材构筑。牌坊上镌刻范仲淹在《岳阳楼记》中写下的千古名句——“先天下之忧而忧，后天下之乐而乐”，故名。石坊造型端庄，雕刻精细。五座屋顶皆仿木石构。檐角高翘，正脊空灵。正吻作龙吻形，灵巧轻盈。

宁波保国寺在浙江宁波灵山山腰。大殿建于宋大中祥符六年（1013 年），是江南著名的早期木结构建筑。大殿为青瓦重檐歇山顶。正脊和角脊均用小筒瓦作花饰，无垂兽和戗兽。檐角作鳌尖，无脊兽。正吻为鱼吻形，下为龙吻吞脊，鱼尾向内翻卷，外缘刻鱼鳍，尾端岔分出鱼尾的轮廓。屋顶形象简洁豪放。

杭州岳飞墓阙在杭州西湖栖霞岭岳王庙内。岳飞，字鹏举，宋朝汤阴人，自幼习武好学，熟读兵法，屡破金兵。后因遭投降派权相秦桧陷害，一天

江苏苏州“先忧后乐”牌坊历史照片

浙江宁波保国寺大殿

降十二道金牌，从抗敌前线被召回京城，入狱被害，时年 39 岁。南宋隆兴元年（1163 年）岳飞之冤得以昭雪，以礼改葬于此。墓阙为砖筑门楼式，门券、斗栱、檐枋均以青砖刻制。单檐歇山顶，檐角伸出象鼻式鳌尖。正脊中部以瓦为饰，两侧砖雕走狮。龙吻吞脊，鱼尾反转向内。造型古朴典雅，比例协调。

佛山祖庙是岭南著名的道教建筑。始建于北宋元丰年间，初名“北帝庙”。明洪武五年（1372 年）重建，易名祖庙，以装饰工艺精巧著称。这是一张屋顶的特写照片。下半部是脊饰。上半部是上檐九脊歇山顶，角脊上装饰有巨大的夔龙。正脊为五幅花鸟图案，两端安装鱼吻，值得注意的是，在蓝色鱼尾下面装饰两朵如意祥云，说明此鱼龙已飞翔空中。

广东佛山祖庙

广州陈家祠堂在广州市中山七路恩龙里，是广东七十二县陈姓的合族祠堂。清光绪十四年（1888 年）兴建，历时七年落成。因是陈家子弟读书办学之地，故又称“陈氏书院”。书院坐北朝南，平面呈方形，占地面积 13 200 平方米，以木雕、石雕、砖雕、陶塑、灰塑、壁画和铜铁铸塑等不同风格的装饰工艺著称于世。其中用在屋顶装饰的主要是陶塑和灰塑。吻兽造型别具特色。正吻没有一点龙吻的影子，而是一条倒立的鳌鱼。鱼嘴

广州陈家祠堂外景

广州陈家祠堂中进东厅彩塑鳌鱼

广州陈家祠堂山墙垂兽独角狮子

略张，亲吻着正脊，鱼身浅刻鳞片，背鳍和胸鳍美化为如意形。鱼尾极富飞动感，在如意云朵的衬托下，好似在蓝天云游。

山墙垂脊顶端的垂兽是灰塑独角狮，狮作蹲伏造型，全身赤红，张口翘尾，面目狰狞。独角狮上房脊，来源于佛山的民间传说。据传明代初年，佛山一带突然出现一头怪兽，头大如斗，顶上长角，眼发蓝光，张口如盆，吼声震天。它出没农家，吞食禽畜，毁坏水田，给村民带来极大灾难。为了制服这头怪兽，人们采取很多办法。由于怪兽神出鬼没，不见踪影，难以制服，乡绅到处张榜求贤。果然有一人撕榜，提出“以怪治怪”的办法。请当地扎作艺人用竹篾编扎成凶猛异常的独角狮。当怪兽出现时，村民全体出动，敲锣打鼓，燃放鞭炮，舞动独角狮齐向怪兽冲击。怪兽吓跑，百姓又过上太平日子。从此以后，每逢喜庆佳节，人们都要舞狮庆贺。还把独角狮安放在屋顶的垂脊上，祈望辟邪消灾，国泰民安。

泉州开元寺，初名莲花寺，唐开元二十六年（738 年）改为开元寺，是闽南规模宏大的寺院。大雄宝殿又名“紫云大殿”，屋顶装饰为典型的闽南风格，影响到港、澳、台地区。大殿为重檐歇山顶。上檐角脊很长，安

福建泉州开元寺大殿

福建泉州天后宫

山东烟台天后宫脊饰

放 7 个细小的脊兽，脊头饰以变形的夔龙。正脊不直，作下凹的弧线。两端起鳌尖，几乎与走龙的龙尾相接。走龙为龙首蛇身，细尾上翘。蛇身腹部和尾前落地，好似行走状，又称“行龙”。

福建泉州天后宫大殿亦为重檐歇山顶，前出抱厦一层，给人以三重檐之感。上檐装饰与开元寺大殿相似。略不相同有二：一是天后宫正脊作镂空装饰；二是天后宫的行龙仅龙腹落地，作意欲腾飞造型。而千里之外的山东烟台天后宫正脊的行龙，与泉州开元寺行龙一模一样。

豫园位于上海老城厢东北部。明嘉靖三十八年（1559 年）兴建,取“豫悦老亲”之意（“豫”与“愉”同义），名为豫园。园内厅堂楼阁、假山亭桥胜景几十处。有趣的是龙吻也闯进了上海滩，在豫园的屋脊上安家落户。这一对龙吻的造型不像北派的厚重，也不似南派的轻盈。个头不大，强调唇边须髯和头顶髯毛，迎风飘动。像望兽一样，唇不吻兽，而是龙头向外。这也是吻兽中的“海派”吧。

上海豫园屋顶脊饰

二、脊饰

屋脊古称“甍”。《释名·释宫室》:“屋脊曰甍。甍,蒙也,在上覆蒙屋也。”又有“雕甍”，是指有雕刻装饰的屋脊。雕甍就是脊饰。

中国古代建筑的屋顶脊饰，可分为琉璃脊饰、青瓦脊饰、江南脊饰和藏传佛教建筑脊饰四种类型。

（一）琉璃脊饰

琉璃脊饰都是将预制定烧的脊筒或花纹饰件上房挑脊安装的，分素脊和花脊两类。皇家的宫殿、陵寝都用素脊，脊筒的前后两面不刻花纹，只有枭混（凸凹）的线条，外涂金黄釉色，彰显出皇家建筑的尊贵；花脊用在御园和寺庙。在脊筒的看面雕刻行龙、祥云、花卉，有的在脊上安装琉璃宝塔和福禄寿三星人物等。

北京故宫黄琉璃瓦顶

北海永安寺。北海在北京紫禁城的西北，是历史悠久、规模宏大的古代帝王宫苑。自金代开始兴建离宫别馆以来，经元明清各代扩建、重修，形成拥有太液池、琼华岛和众多亭榭楼阁的皇家御苑的规模。其中清顺治八年（1651 年）在元代广寒殿旧址上修白塔，并将琼华岛南部的宫殿改建成永安寺。这是一张永安寺正脊、垂脊的特写照片。脊条是用整块脊筒子

北京故宫文渊阁碑亭花脊

北京北海永安寺正脊及垂脊

连接起来的，做功精细，“天衣无缝”。前、后、顶三面以浅浮雕如意云朵为地，云上高浮雕单条走龙，云朵细密，走龙疏朗，以密托疏，巧夺天工。

曲阳北岳庙，在河北省曲阳县城内，是历代帝王遥祀北岳恒山之神的场所。祭祀五岳，源于古老的对永恒冥冥大山的崇拜。汉代已形成对五岳的祭祀。《前汉书·郊祀志》：“二月东巡狩至于岱宗，五月巡狩至南岳，八月巡狩至西岳，十一月巡狩至北岳。”北岳庙有两处：汉至明代在河北曲阳祀恒山，清顺治年间移至山西浑源。祭祀活动由皇帝亲自主持，称“大祀”，

河北曲阳北岳庙

皇帝遣臣代祭称“中祀”。因此岳庙的规格等级很高。如岱庙（“岱”是泰山的别称，故东岳庙又称“岱庙”）大殿有历代 72 位皇帝在此举行隆重典礼，给泰山之神加冕封号，故屋顶为最高等级的黄琉璃瓦重檐庑殿顶。

曲阳北岳庙原名“北岳安天元圣帝庙”，又称“北岳真君庙”。始建于北魏，至清初改祀山西浑源，经历代扩建重修，建筑规模宏大。因多为皇帝派大臣代为祭山，故属中祀。大殿称“德宁之殿”，重檐庑殿顶，青瓦绿琉璃剪边。屋面正中嵌大块菱形绿琉璃瓦。正脊为龙云纹花脊，龙吻吞脊，庄重典雅。

颐和园转轮殿屋顶上站着老寿星。颐和园在北京市海淀区，原为清代行宫园林。乾隆年间建清漪园，1860 年第二次鸦片战争被英法联军所毁。光绪十四年（1888 年）慈禧挪用海军经费重建，称颐和园。全园由万寿山、昆明湖和各种形式的宫殿、寺庙和园林构成，是清末皇家避暑、居住、游乐的圣地。

转轮殿，又称“转轮藏”，在颐和园万寿山前山，为帝后礼佛诵经的宗教建筑。正殿为二层三重檐楼阁，两侧为双层八角配亭。亭内建木塔，塔中有转轴，塔身贮藏经书佛像。转动木塔，可取书像，故名转轮藏。藏殿屋顶、垂脊上安装垂兽和脊兽。正脊很矮，作曲尺形。正中为大脑门的老寿星，足踏圆座式祥云，右侧为仙鹤。两侧为福星和禄星。是为福禄寿三星，降云赐吉祥。

北京颐和园转轮殿脊饰

（二）青瓦脊饰

青瓦脊饰分两类：一类是用脊筒子挑脊，脊筒前后两面雕刻花卉、龙纹，中部安装楼阁或宝塔；另一类是用板瓦或筒瓦垒成花脊,这种正脊又叫“玲珑脊”。正脊两端作蝎子尾,又称“象鼻”或“探海”。

黄帝陵祭亭。黄帝陵在陕西省黄陵县桥山。黄帝姓公孙，名轩辕，天资聪慧，传说有文字、历法、舟车、蚕丝做衣等发明创造。“抚万民，度四方”,在位百年而逝,时年111岁,是中华民族的渊祖。《史记·五帝本记》:“黄帝崩，葬桥山。”桥山因山形似桥，故名。山雄耸峙，沮水回绕，古柏参天，气势非凡。山下修建黄帝庙，庙内一株古柏高19米，下围10米，是桥山群柏之冠，传为黄帝亲手所植，迄今五千年。山上筑“黄帝陵”祭亭，亭后为陵丘。祭亭面阔三间，五脊四阿大顶。正脊和垂脊均雕饰花纹，朴实庄重。

陕西黄帝陵祭亭

涉县娲皇宫，位于河北省涉县凤凰山。山下有北齐离宫，现存建筑为石坊院。山顶建娲皇宫，为四层楼阁式建筑。宫修建在券拱高台之上，后有铁链拴住阁楼，故有“吊庙”之称。阁内有石洞，供古代神话女神——娲皇圣母像。娲皇，古称“女娲氏”，中国古代传说为人类的始祖，曾用黄

河北涉县娲皇宫天王殿正脊

土造人，又有炼五色石补天，治理洪水，杀死猛兽等功绩。

石坊院又称“朝元宫”，由天王殿、大乘殿、三宫殿和华佗庙组成。天王殿，青瓦硬山顶。正脊和垂脊均雕刻龙纹。正脊顶部正中，安装圆雕走狮驮宝塔，为外地少见。

天津广东会馆，位于天津南开区老城鼓楼南。会馆是同乡人在异乡修建的聚会、联络、办事的馆舍。兴起于唐代，各地现存会馆多为明清修造。天津广东会馆是旅津粤人于清光绪二十九年（1903 年）历时 4 年修建落成的。会馆融合我国北方和南方两种建筑手法，瓦顶和墙为适应当地的气候和环境，为北方风格。内檐装修，为满足主人公心理和思乡的需求，又具广东地方特色。保存完好，装修精美，是中国会馆建筑的重要实例。

天津广东会馆的门厅为青瓦硬山顶。山墙砌成岭南常见的阶梯状，因为五级，故称“五岳朝天”。邻里如发生火灾，此墙可割断火舌。门厅正脊雕饰二龙戏珠，正中耸立一小型楼阁，为北方常见的青瓦脊饰。

平遥日升昌票号，在山西省平遥县西大街。票号又称“票庄”，是中国明清时期的一种信用机构，相当于现代的银行。日升昌票号是山西人在天津开设的日升昌颜料店发展而成的，对外经营汇兑业务。清光绪初

天津广东会馆门厅正脊

山西平遥日升昌票号内院正房脊饰

年，日升昌票号在各地设立分号，汇兑数量大增，被誉为“天下第一票号”。这是日升昌票号内院的照片。正房为青瓦硬山顶，山头作风火墙。正脊为圆形的钱纹花饰。这一串古钱，意寓着钱庄票号兴旺发达，财源滚滚而来。

（三）江南脊饰

中国长江以南古代建筑的脊饰，从内容到形式，都可以用丰富多彩来形容。内容方面有花鸟鱼虫、飞禽走兽、人物故事几乎无所不包；形式上荟萃砖雕、灰塑、彩画、嵌瓷、书法等多种艺术手法，表现得有境有情，琳琅满目。

浙江禹庙午门脊饰

禹庙午门。禹庙在浙江省绍兴市会稽山，是祭祀中国夏朝创始人夏禹的祠庙。夏禹，又称大禹。传说他带领百姓疏通江河，兴修沟渠，发展农业。在治水十三年中，三过家门而不入。因治水有功，继任部落联盟首领。其子启继承禹位，建立中国历史上第一个国家——夏朝，开启了“父传子，家天下”的先河。在中国历史上延续了4000年。

禹庙始建于一千四百多年前的南朝。现存碑亭、午门、祭厅、大殿等建筑。午门为青瓦歇山顶。正脊两侧各镶一块素面和斜格纹，正中为二龙戏珠。珠体巨大，上出火焰，又称“火焰宝珠”。《述异记》：“珠有龙珠，龙所吐者。”龙和珠均为圆雕，龙爪立于瓦面，应是后贴在脊面的。当地人

浙江大禹陵碑亭脊饰

又称“二龙抢珠”。

禹庙的左前方为大禹陵。《史记·夏本纪》:“或言禹会诸侯江南，计功而崩。因葬焉，命曰会稽。”陵背靠会稽山，面对亭山，前临禹池。陵殿前建大禹陵碑亭。碑亭为单檐歇山方亭。正脊、垂脊皆作叠瓦花饰。正吻龙头双目向外张望。望兽形龙吻为江南吻兽少见。

苏州古戏楼在江苏省苏州市平江路张家巷全晋会馆内。戏楼，古称“勾栏”，一作“勾阑”，是中国古代百戏杂剧的演出场所。宋元以后，勾栏设施完备，有戏台、戏房（后台）、神楼和腰棚（观众看席）。

苏州古戏楼坐南朝北，上下两层，三面临空。首层和两厢设后台和神楼，庭院内设观众看席。上层下部安置木雕栏杆，上部为悬柱檐枋。青瓦歇山顶，看面翼角，双戗飞翘。正脊很高，作聚宝盆状，叠瓦双层。

苏州古戏楼

屈子祠在湖南省汨罗市。屈子祠是纪念中国古代爱国诗人屈原的祠堂。屈原，名平，字原；又自曰名正则，字灵均。战国时期楚国人，是中国历史上最早的大诗人，曾任左徒和三闾大夫。三闾大夫是掌管楚国王族三姓宗族的官，颇得楚怀王的信任。后遭权臣的嫉妒和诽谤，终被流放。在长期流浪生活中，写下《离骚》等著名诗篇，抒发悲愤、爱国之情。秦兵攻破楚都后，屈原投汨罗江自尽。

屈子祠始建于汉代，清乾隆二十一年（1756 年）重建。大门由中部的牌楼门和两侧的边门组成。边门为石质门洞边框，门楣上方为垂花门头，又称门罩，彩色琉璃瓦庑殿顶。正脊和垂脊均雕饰类似夔龙的卷草图案，正脊中部为一只白色仙鹤，与周边的黛瓦粉墙相映成趣。

资中文庙照壁在四川省资中市。资中文庙始建于北宋雍熙年间，清道光九年（1829 年）重建。照壁在文庙棂星门外。照壁，又称影壁，是由“隐避”二字变化而来。在门内为“隐”，是北方民居常见的形式；在门外为“避”，寺庙祠堂多用。后统称影壁。这是古代社会制度和风俗习惯的体现。由农

湖南汨罗屈子祠边门

四川资中文庙照壁

家小院到帝王宫殿，都有它的身影。有青砖青瓦的，又有琉璃九龙壁。

资中文庙照壁为青砖壁体，琉璃瓦顶。壁体中部横排 7 个圆形空窗，镂空塑刻亭台楼阁。琉璃瓦顶正脊配饰走龙，正中为四柱三楼式牌坊门楼，与圆形空窗中的楼阁上下呼应。

都江堰二王庙在四川省都江堰岷江东岸玉垒山麓，是纪念都江堰的开凿者、秦蜀郡太守李冰及其子二郎的祀庙。南北朝始建，初名“崇德祠”，宋以后敕封李冰父子为王，清代改称二王庙。都江堰是中国古代著名的水利工程。岷江汹涌，经李冰父子率众兴建都江堰，化险为夷，变害为利，造福农桑。

二王庙依山修建，高低错落，朱檐飞阁，巍峨壮观，素有“玉垒仙都”之称。二王庙山门坐落在数十步石阶之上，为四柱三楼式牌坊门，中柱悬空不落地，以增加大门的宽度。边柱两侧斜出八字形，上筑庑殿顶，檐角以角柱支撑。屋顶造型灵活多变，翼角鳌尖凌空高翘。正脊两端的吻兽为金鳍鲤鱼，生动活泼。

广州陈家祠堂的九座厅堂的屋脊上布满石湾陶塑脊饰。如中进聚贤堂脊饰，长 27 米，高 2.9 米。连同上下灰塑可分三层，总高达数米。全脊塑造人物 224 个。内容有“八仙贺寿”“加官晋爵”“和合二仙”“麒麟送子”等。花鸟图案多为意寓题材，如寿带鸟和牡丹表示荣华富贵；缠枝瓜果表示子孙昌盛，连绵不断等。在首进庭院东西连廊顶上为灰塑作品，内容有“三国演义”“张松看书”“竹林七贤”以及“羊城八景”等。陈家祠堂的脊饰，引人注目的是表现戏曲场景，有的是一出大戏，有的是折子戏，用连景的方法形成连环画般的连续故事，琳琅满目，美不胜收。此外，还有几幅砖雕彩画和诗词书法也登上了屋脊，实为外地罕见。

台北龙山寺，清乾隆三年（1738 年）始建，后经扩建和改建，是台湾著名的寺庙。由前殿、中殿、后殿和厢房回廊组成。前殿为单檐歇山顶，正脊镂空，贴粘灰塑花饰。脊顶作圆雕二龙戏珠，双龙对峙在屋脊之上，昂首张嘴，伸爪摆尾，抢夺红色宝珠，颇具闽粤屋脊特色。灰塑又称泥塑，台湾学者考察其制作方法是明末清初由闽南、粤东传入台湾的，当时的工

四川都江堰二王庙山门

广州陈家祠堂廊子脊饰

广州陈家祠堂脊饰 1

广州陈家祠堂脊饰 2

台北龙山寺

匠和材料都来自大陆。屋脊上的龙、凤、螭虎、花鸟和人物的内部都有骨架，最初是用竹条或木条，后来用铁丝，现在维修用不锈钢丝。灰泥要经过配料和养灰两道工序，才能塑制着色。灰泥用石灰、细砂、棉花（或麻绒），加糖汁、海菜汁或糯米汁调配。将灰泥放置在大桶中，养灰 60 天，待灰油渗出，黏度增强，方可使用。泥塑的颜色，要根据作品的需要，在灰泥中掺入色粉，在未干之际，再涂刷色料。近年则直接在泥塑表层涂上油漆颜料，彩度较高。

香港过街牌楼历史照片

香港过街牌楼。这是 1869 年拍摄的照片，过街牌楼在中华街，为六柱五楼形式。为便利通行，增大跨度，减去了顶楼和次楼下的 4 根木柱。每间额枋均缩短成连续的阶梯状，结构精巧。次楼、边楼为悬山顶。顶楼又称正楼，为单檐歇山顶。正中为彩塑神像，两侧为诗词书法作品。大小额枋间花板雕饰富丽多彩，具有浓郁的粤闽风格。

（四）藏传佛教建筑脊饰

藏传佛教，俗称喇嘛教，兴起于唐代，经元、明、清扩大发展，成为中国佛教的重要流派。其寺庙又称喇嘛庙，建筑有三种类型：一种是藏式碉房；一种是仿汉式木构建筑；还有一种是藏汉结合的形式。其中藏汉结合的造型多为藏式高台座、红白色外墙和梯形窗，汉式木构歇山屋顶或金瓦顶。装饰题材有 5 类：动物有龙、狮、象等；植物有莲花等，象征佛说法；器物有金刚杵等，可降魔护法；文字有密宗六字真言；人物有天王、力士、伎乐天女、千手观音像等。

承德须弥福寿之庙在河北省承德市外八庙。清乾隆四十五年（1780 年）建，是汉藏建筑形式结合的藏传佛寺。寺庙专为六世班禅居住和讲经修建，

河北承德须弥福寿之庙大金瓦殿顶部

故又称“班禅行宫”。“须弥福寿”是藏语“扎什伦布”的汉译，意指像吉祥的须弥山那样多福多寿。

大金瓦殿又名“妙高庄严殿”，在庙之主体建筑大红台。台分上、中、下三层，台顶建群楼，大金瓦殿居中，是大红台的主殿，为班禅六世讲经说法的殿堂。殿平面正方形，面阔、进深均为七间，高三层，上下贯通。重檐四角攒尖顶，屋面覆盖镏金鱼鳞瓦。四条垂脊的脊尖置金色宝珠，其后四条金龙作戏珠状。上部所对应的四条金龙，仰望脊顶的喇嘛金塔。

大昭寺在西藏拉萨市中心，始建于唐太宗贞观二十一年（647 年）。当时，松赞干布先后迎娶了尼泊尔的尺尊公主和唐朝的文成公主。相传大昭寺由文成公主选址，尺尊公主主修。大殿内供奉由长安带来的释迦牟尼 12 岁等身镀金佛像。另外，由尺尊公主选址，在拉萨城内由文成公主督饬汉藏工匠修建了小昭寺。正殿内供奉尺尊公主带到西藏的释迦牟尼 8 岁等身镀金佛像。大昭寺经元、明、清各代扩建，建筑面积达 25 100 平方米。

大昭寺大殿四层，上覆金顶。金顶为重檐歇山顶，屋面以大块镀金铜瓦覆盖。上下檐之间的博脊装饰最有特色，四周为镂空栏杆，正中为双鹿

拉萨大昭寺金顶

护法轮。正脊很矮，脊顶安放莲座喇嘛金塔三座，中间高，两侧略低。其他殿堂的脊饰，亦多为金塔。

扎什伦布寺在西藏日喀则市。明正统十二年（1447 年）始建，万历八年（1581 年）成为班禅驻锡地，是四世班禅以后的宗教和政治活动中心。寺依山傍水，层楼金顶，巍峨庄严。寺内殿堂达数十座。西部的强巴（弥勒）殿高五层，殿内供奉弥勒佛高 26.2 米，为世界上最大的镀金铜佛。

灵塔殿内设有四至九世班禅的灵塔。灵塔内安放班禅法体。塔身以银皮包裹，镶嵌珠宝，雕饰华丽。1993 年建成十世班禅灵塔，高 11.52 米，塔身包金，嵌缀宝石，用金 400 多公斤，是国内最大的包金灵塔。灵塔殿的殿顶为单檐歇山顶，屋面满铺镏金瓦片。正脊两端安装龙吻，脊顶正中为高大的仰莲座喇嘛塔。

西藏扎什伦布寺灵塔殿

塔尔寺在青海省湟中县。塔尔寺藏语称“衮本”，意为“十万佛像”，为纪念藏传佛教格鲁派（俗称黄教）的创始人宗喀巴降生地而修建，始建于明嘉靖三十九年（1560 年）。相传宗喀巴出生时，其母将胞衣埋入地下，后长出一株菩提树，生长了 10 万片叶子，每片叶子都显出一尊狮子吼佛像。其母在树旁建小塔纪念。后人在此建 11 米高的大银塔，修建了塔尔寺。清康熙五十年（1711 年）重修大金瓦寺，共用黄金 1300 两，白银 1 万两，将屋顶改为镏金铜瓦。清乾隆五年(1740 年)藏王布施巨款安装了寺顶脊饰。

大金瓦寺金顶为重檐歇山顶。正脊上饰有两对佛教法器八宝和一座莲座宝塔。其中两端的八宝图案更像菩提树叶，当为“十万佛像”的象征。

青海塔尔寺大金瓦寺

包头五当召在内蒙古包头市固阳县五当沟。“五当”蒙语意为“柳林”，“召”为庙宇。五当召原名“巴达嘎尔庙”，藏语意为“白莲花”。若将蒙藏语意连贯起来，就是柳树中一朵白莲花的寺庙。寺庙建于清康熙年间，乾隆重修，是内蒙古地区规模最大、保存最完整的藏传佛教格鲁派寺院。

苏古沁殿为召内最大的殿堂。前为大经堂，在此举办全召性大型宗教活动；后为佛堂，供奉弥勒佛、文殊、观音铜像。殿分上、中、下三层，

内蒙古包头五当召苏古沁殿脊饰

内蒙古包头五当召洞阔尔殿屋面上的金鹿法轮

二层檐口安放金幢一对。三层屋面装饰十分有趣，正中为镏金莲座宝塔，两侧各站一力士（又称“力神”），一左一右拉着塔刹下垂的铁索，双目凝视宝塔。塔下为砖雕彩绘“双狮护法”。

在洞阔尔殿屋面上，有镏金圆雕“双鹿护法”装饰。中部为大法轮，两侧为金鹿。鹿作跪伏状，仰望法轮，恭谦温顺。

内蒙古庆州白塔垂脊上的铜人

庆州白塔在内蒙古巴林右旗辽庆州遗址西北角。又名“释迦佛舍利塔”，为辽重熙十八年（1069年）辽兴宗为其母钦哀皇太后祈福所建。塔为八角七层楼阁式砖塔，通高69.46米。塔身白色，塔刹为鎏金铜制，与绿色草原相映生辉。

鎏金塔刹，下为八角攒尖青瓦顶。基座上是圆肚和相轮，为典型的喇嘛塔式。引人注目的是垂脊下端的垂兽后面，有一鎏金力士骑坐脊上，双手紧握稳固金塔的铁索，闭嘴张目，尽职守则。

（五）脊饰探源

在上述脊饰和吻兽中，大多数是明清时代的，元代以前的少见。原因是天灾人祸。天灾主要是水火，往往到了雨季，山上的泥石流、平原的洪水，冲得房倒屋塌，或是因火灾而致建筑被焚毁。人祸是两方面：一方面是战争，历史上更朝换代多数要打仗，胜利者往往把前朝宫殿一把火烧个片瓦无存；另一方面是人们喜新厌旧，旧的不去新的不来，维修屋顶时也喜欢“焕然一新”，现代用语叫“建设性破坏”。中国大屋顶的脊饰起源于何时？是怎样演变的？我们只能从出土文物和文献中去访古寻踪。

1. 脊饰起源于汉代

中国上古时代的墓葬是“不封不树”的。“不封”是没有封土堆，“不树”

是不设墓碑等标志。秦始皇征用役夫 70 万人，用 37 年时间，建成了世界上最大的陵墓。此后，修建陵墓之风一直延续了两千多年。汉代盛行厚葬。《盐铁论·散不足》称“厚多藏，器用如生人”。丧礼、葬俗的中心思想是“谓死如生”。在中国已发掘的上万座汉墓中，出土了许多反映当时建筑的壁画、画像砖、画像石。而陶制的房屋、楼阁明器，可谓制作精细的建筑模型。

天津鲜于璜墓出土的陶仓

天津武清鲜于璜墓出土的陶仓，墓葬年代为东汉延熹八年（165 年）。陶仓是存放粮食的专用仓房。五脊四阿顶，出檐深远，屋面瓦垄排列密集。正脊两端和垂脊下端均起翘作小三角形。此为脊饰、吻兽的雏形。全国各地汉墓出土的陶仓、陶楼的脊饰大多如此。

天津静海汉墓出土的陶楼

天津静海东滩头一号汉墓出土的陶楼，年代为东汉晚期。泥质红陶烧制，通体施银白、绿色低温陶釉（琉璃为高温釉)，为三檐六层楼阁。楼顶为五脊四坡顶，屋面施瓦垄，正脊两端和垂脊下端均作起翘的小三角形，为后世吻兽的原始形态。值得注意的是在正脊和垂脊上，贴饰了造型古朴的小鸟共 4 对。

2. 最早的脊饰是五彩鸟

早年脊饰以鸟为饰，还有清晰的画面，那就是刻画在画像石和画像砖上的建筑形象。画像石和画像砖是砌筑墓室的砖材和石材。看面刻画车马出行、建筑等图案。

陕西绥德画像石的画面为两间相连的房屋，上筑阁楼，楼顶为四坡顶，正脊上站立长尾鸟一对。

四川成都出土的画像砖画面为一座高大的门阙，屋脊正中站一凤鸟，冠与尾羽很像凤凰。

陕西绥德画像石鸟纹脊饰

中国现存年代最早的地上建筑是山东郭巨墓石祠。郭巨是我国古代传说的二十四孝子之一，家境贫寒，养母尽孝。每天吃饭时，其母总是省吃而分给孙子食用。郭巨十分心疼母亲，但也没有好办法。他跟媳妇商量:“常言道:‘子可再有，母不再得。’”夫妇决定到村外埋其幼子。掘地

四川成都画像砖凤纹脊饰

山东郭巨墓石祠

山西大同云冈石窟北魏屋顶脊饰

三尺，得黄金一坛，坛上丹书："天赐郭巨，官不可夺，别人不取。"这个"郭巨埋儿"的故事流传了两千年，郭巨墓石祠却鲜为人知。

郭巨墓石祠在山东省济南市长清区孝堂山。石祠为仿木结构，全部石筑。屋顶为单檐悬山顶，前后两坡用石板覆盖，看面琢出椽头、勾头和瓦垄，正脊为数层扣瓦垒砌，是汉代民居、祠堂的常用手法。石梁上有东汉永建四年（129 年）的游人题记，说明石祠是在此以前营建的。

在中国佛教石窟中，也雕刻出各类建筑形象，反映当时的建筑面貌。山西大同云冈石窟第 10 窟，雕刻了一座佛堂的全景图。正立面为三开间的殿堂，门外站立菩萨，殿内供奉三尊坐佛。四根檐柱为八角柱，额枋施彩绘，檐下为"人字栱"。四坡顶。垂脊上各站一只凤鸟，正脊正中为人面鸟身，称"金翅鸟"或"火凤凰"，两侧为三角形的火焰纹。正脊两端作大片菩提树叶装饰。这是北魏兴安二年至太和十九年（453—495）建筑屋顶脊饰的写照。

上述屋脊上的鸟形装饰，形象不一，叫法不同。它们是中国最早出现的脊饰，笔者认为应称为"五彩鸟"。成书于汉代的中国古籍《山海经》里，保存了不少远古的神话传说。其中有一篇五彩鸟的故事，篇名叫"大神帝俊"。传说有一位名叫天俊的大神天帝，从天上下凡，看到人间有一种五彩鸟，长得非常漂亮。这些美丽的五彩鸟有三种：一种叫皇鸟，一种称鸾鸟，还有一种是凤鸟。五彩鸟在人间成双成对地盘旋飞舞。帝俊也经常和五彩鸟一起翩翩起舞。帝俊十分信任这些鸟儿，他在人间修建的两座祠堂和坛庙，就委托五彩鸟看管。五彩鸟尽职尽责，站在房脊上瞭望，日夜不停，年复一年。所以，这些鸟形脊饰应是五彩鸟。

3. 鸱尾和摩羯

中国古代建筑最早的吻兽是鸱尾。《唐会要》载："汉柏梁殿灾后，越巫言海中有鱼虬尾似鸱，激浪即降雨，遂作其像于屋上以压火祥。"巫士讲的鸱尾是什么形象呢？汉人没有想象出来，只是在正脊两端用瓦条垒出反翘的三角形。《北史》："自晋以前未有鸱尾"，正说明此事。北魏郦道元《水经注》:“林邑西去……其城飞观鸱尾迎风拂云”。又说明北魏时期的鸱尾挺高大,可以迎风拂云了。从云冈石窟、龙门石窟的雕刻来看,鸱尾已有形了。鸱尾形象到唐代已固定下来,如唐大雁塔门楣石刻,是名副其实的似鸱的鱼虬尾,总体形象是鱼尾尾尖向内翻转,刻出鸱鸟的嘴和眼睛,鱼体外侧刻鳍。

有学者认为鸱尾的形象是摩羯。在南北朝时期,佛教兴盛,印度的摩羯传到中国。摩羯是一种鲸鱼,有足,在佛经上是雨神的座物,能灭火。印度石牌坊的横梁两端刻有摩羯,中国房脊上的鸱尾由它演变而来。

梁思成摹绘《陕西长安大雁塔西门门楣石画像》中唐代门楣中的鸱尾

《佛教大辞典》中的摩羯

4. 中国最早的鸱吻实物在天津蓟县独乐寺，鸱尾是向鸱吻演变的。

《旧唐书》就有“鸱吻尽落”的记载。中国现存在建筑上的鸱吻实物的年代为辽统和二年（984年），在天津蓟县独乐寺山门的屋脊上。山门为五脊四阿大顶，正脊两端安装鸱吻。鸱吻为龙吻鸱尾形，高1.34米，宽1.18米，厚30厘米。张嘴吞脊，长尾翘转向，身覆浅浮雕鳞片，正中刻火焰宝珠一枚，外缘饰鱼鳍，后背插小背兽，造型生动古朴。

天津蓟县独乐寺山门鸱吻

山西大同华严寺薄伽教藏殿屋脊尚存一对金代的鸱吻，亦为龙吻鸱尾形，尾尖内翘，比辽代短了许多，吻后已伸出龙爪，外缘仍保留鱼鳍。

宋《营造法式》载有鸱尾和龙尾两种，但已无实例可寻。元代鸱吻的尾部已开始向外翻转。明代完全变成龙吻，龙尾外卷。龙脊斜插剑把，双目凝视前方。清代龙尾在脊背上卷得很紧，剑把垂直插入脊顶，两眼侧视，龙体上部雕一升龙。南方多见鱼吻，鱼形倒立，鱼嘴雕成龙吻状，鱼身弯曲呈“S”形，鱼尾岔分。

正脊上的装饰在早年的五彩鸟、凤鸟以及佛教的金翅鸟之后，隋代开始用火焰宝珠，唐代也较普遍。宋《营造法式》规定火珠有两焰、四焰、八焰等不同式样，但在实物和宋画中尚无此例证。

山西大同华严寺薄伽教藏殿鸱吻

山西大同华严寺薄伽教藏殿

正脊本身的砌筑，最初是用瓦条或条砖垒砌。宋代以后，重要建筑使用专门烧制的脊筒子。山西永乐宫4座元代建筑的屋脊，两座用瓦条垒砌；一座用脊筒子，看面刻数条横线，仍保留瓦条的形象；另一座为琉璃雕花脊筒子。明清皇家宫殿、陵寝的琉璃瓦顶的脊筒多为素面。民间寺庙、祠堂的脊饰，无论青瓦脊或琉璃瓦脊，雕刻华丽，丰富多彩。民居仍为瓦条或青砖垒砌，沿袭至今。

琉璃瓦垂脊

5. 从“翘瓦”到脊兽

我们今天看到仙人和龙、凤、狮子等脊兽是由“翘瓦”演变而来。翘瓦是在瓦条脊上用勾头瓦向上翘起3枚至5枚，作象征性装饰。宋《营造法式》规定，檐角最前端作嫔伽，后安放蹲兽，最多8个，是偶数。明清脊兽以仙人领队，蹲兽多达9个，是奇数。脊兽个头小，数量多，瓦质又脆弱，很难保存。现存最早的脊兽仍在独乐寺山门上。排列方式是，前为武士，后为4个蹲兽。观音阁上檐亦同，下檐四角戗脊较短，用3个蹲兽。武士身着束腰战袍，穿刻满甲片的长裤，作蹲坐状。手姿有二：一种是双手扶膝端坐，另一种是一手扶膝，一手高举。观音阁的垂兽为武士骑狮，清代则为双角兽头。早年的垂兽及戗兽亦从翘瓦发展来的，武士骑狮应为明代以前的造型。

天津蓟县独乐寺观音阁嫔伽

天津蓟县独乐寺观音阁垂兽

天津蓟县独乐寺观音阁上檐脊兽

天津蓟县独乐寺观音阁下檐脊兽

天津蓟县独乐寺山门嫔伽

三、瓦饰

（一）瓦的种类

瓦是中国古代建筑大屋顶屋面的铺盖材料，用量大，种类多。可分为天然材料和人工材料两大类。

天然材料有竹瓦、木瓦、树皮瓦和石板瓦，都是采用当地的竹、木、石天然资源，因地制宜，就地取材。竹瓦在云、贵、川产竹的地方还能看到，木瓦、树皮瓦和石板瓦就很难见到了。我国台湾学者在对台湾布农族传统家屋的考察中，发现了不少实例。布农族是台湾居住在高山地区的族群之一。

其居住地在海拔1000米以上,是台湾少数民族中住地海拔最高的一族。“布农”在布农语有“人”之意，也指“未离巢的蜂”。布农族家屋完全是就地取材，使用石板瓦有两种形式：一种是在石块垒砌的石墙上直接铺盖云母石板，有如屋瓦；另一种是在石板瓦上再盖一层茅草。此外，还有一种木屋，墙壁和屋面都是木板的，有的在木板顶上加盖石板。树皮瓦是用一种生长在海拔3000米以上的台湾冷杉树皮制作。取树皮的方法不是砍倒大树，而是在大树干上划两刀，宽30至50厘米，不得超过树围的三分之一，上下长度掌握在50厘米左右。剥下的树皮烤干后，成为长方形树皮瓦。除冷杉外,红桧、扁柏树皮也很耐用,30年都不会腐烂。剥取树皮的方法很环保，树木不会枯死，皮伤几年即可愈合。

人工材料有铜瓦、镏金瓦、铁瓦、青瓦和琉璃瓦。前三种是仿制后两种的，数量很少。最常见的还是青瓦和琉璃瓦。中国古代原始社会和奴隶社会早期的房屋是草顶或泥土顶。西周时代发明了制瓦技术，结束了“茅茨不翦”的原始状态，是建筑的一大进步，屋顶造型也发生巨大变化。陕西扶风召陈西周建筑基址出土的瓦件较大，有板瓦、筒瓦和半瓦当。瓦面已有简单的装饰，如筒瓦有绳纹和双线三角划纹、半瓦当的瓦头饰重环纹。瓦背有圆柱状的瓦钉或半圆的瓦环，是为了把瓦嵌固在屋面上，瓦的用量较少。战国时期的房屋已大量使用青瓦，筒瓦的瓦头装饰各式花纹。秦汉瓦头由战国半圆形演进为圆形。北魏开始在宫殿使用琉璃瓦。隋唐屋瓦有三种：灰瓦质地粗松，用于一般建筑；黑瓦质地紧密，经打磨表面光滑，用于寺庙等大型公共建筑；皇宫用琉璃瓦，如长安唐代大明宫遗址出土的绿琉璃瓦居多，蓝色次之。唐瓦还有两个特殊品种：一种是用木作瓦，外涂油漆；另一种是“镂铜为瓦”。宋代以后，琉璃瓦生产技术大大提高，使用更加普遍，还修建了许多色彩绚丽的琉璃塔。明代宫殿和寺庙等重要建筑已全部使用琉璃瓦，民居和祠堂仍以青瓦覆盖。清代的琉璃瓦和青瓦规格完全定型化。琉璃瓦的尺寸大小，以“样”数决定，二至九样，二样最大，九样最小。每“样”的瓦件包括瓦片、脊件和各类吻兽共45种,八样尺寸,共计360件。此外,还有“套活”和“号活”，用于较小建筑，形状同一般琉璃瓦件，规格尺寸根据不同需要而定。青瓦的尺寸论号，一号最大，十号最小，也有各类瓦片、脊件和吻兽几十个品种。

中国古代大屋顶到底需用多少瓦件呢？笔者对天津蓟县独乐寺作了详细统计，观音阁是两层楼阁建筑，青瓦歇山顶。上下檐瓦件共计 14 836 件。山门是四坡庑殿青瓦顶，瓦件共计 8131 件。

（二）瓦面装饰

瓦面装饰最早出现在西周青瓦的瓦背和瓦头。筒瓦的瓦背有绳纹和刻画的双线三角纹。筒瓦的瓦头为半圆形，看面有重环纹。如果有人提问，中国古代建筑大屋顶的屋面装饰是什么时候开始的？我们可以明确地回答是三千多年前的西周时代。

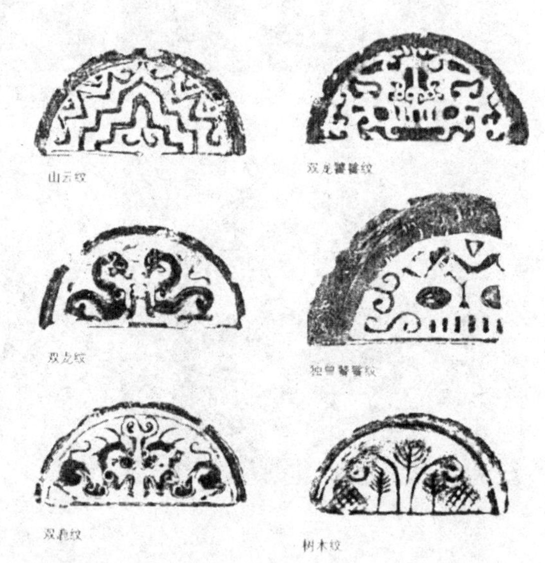

战国半瓦当拓片

战国时期，各诸侯国在“高台榭，美宫室”的大规模营造工程中，用瓦数量大增，瓦成为展示建筑艺术的重要手段。所用瓦件非常注重装饰，每垄筒瓦的前端，都以半圆形的瓦片封护，称作“半瓦当”。瓦面饰以饕餮、双兽、山云、树木、卷云等纹饰。

秦汉时期是瓦件发展的兴盛期。秦代“殿屋复道，周阁相属”，两汉官苑庞大建筑群的修建，使瓦件生产的数量、质量和品种式样，都达到了一个新的水平。瓦当也从战国的半圆形演进为圆形。圆形瓦当从此一直使用到清代，明清俗称“勾头”。圆瓦头的出现是技术进步，改善了瓦头束水和遮朽功能，还使瓦面装饰构图更加完整、美观。秦瓦当纹饰多鸟兽、植物

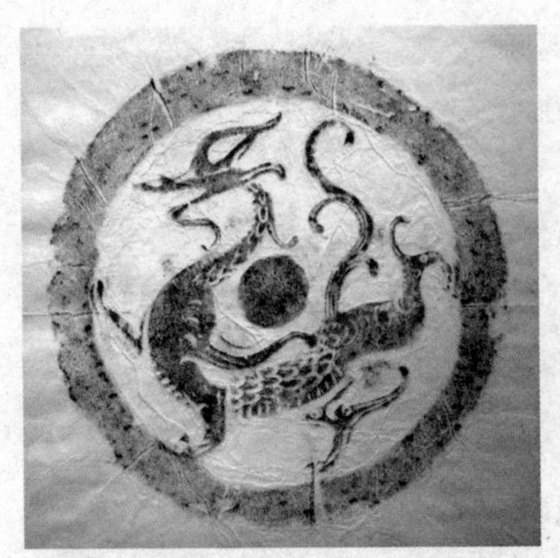

“青龙”瓦当拓片

“白虎”瓦当拓片

“朱雀”瓦当拓片

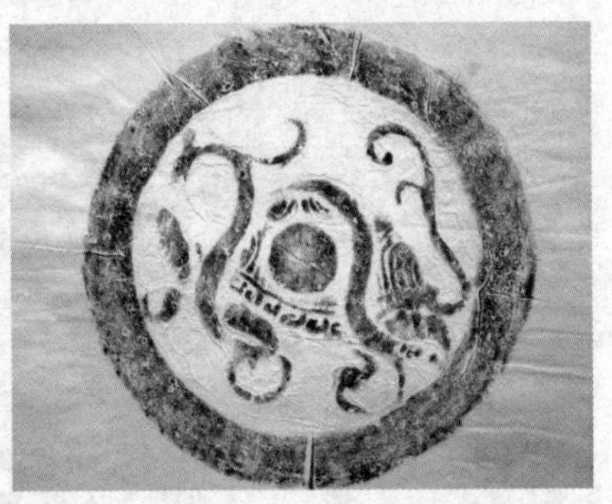

“玄武”瓦当拓片

“天下康宁”瓦当拓片

“千秋万岁”瓦当拓片

和云纹。秦始皇陵曾出土一件大半圆的瓦当，体形硕大，直径 40 厘米，面饰夔纹，制作精美。汉代瓦当多云纹和四神。四神是青龙、白虎、朱雀、玄武，造型生动完美。此外，还有不少刻字瓦当，文字内容有三类：一类是政治性颂词，如“唯天降灵”“延元万年”“天下康宁”“汉并天下”；另一类是吉祥话，如“千秋万岁”“长生无极”“长乐未央”；还有一类是某建筑专用语，如“骀汤万年”“都司空瓦”等。

隋唐时期瓦当，莲花纹为常见纹饰。特点是莲花双瓣，莲瓣圆润凸起而且饱满。

宋元时期的瓦当花饰增加了宝相花、牡丹花和莲荷花。莲瓣松散，呈长条形。

明、清宫殿琉璃筒瓦勾头多用龙纹和凤纹。庙宇使用的琉璃瓦或青瓦多用兽面或花卉。明代兽面，多不露下唇；清代兽面多显露下唇。民间的青瓦勾头，俗称“猫头”，唇上长须。

滴水瓦的饰面比较简单。滴水是板瓦檐头上的第一块瓦，端部下垂，以利流水。战国至元代为长方形，模印各种花纹，如绳纹、连珠纹、锯齿纹等。元代以后，向下弯曲，伸出如意头，屋顶瓦沟里的雨水，顺着如意尖头滴到地上。明清滴水的花饰与勾头一致，皇家建筑为龙纹或凤纹，民间多花卉。民居只用板瓦，滴水瓦不作如意头，而是瓦头下卷，捏双指纹，俗称“花边瓦”。

苏州民居檐口瓦

汉代以后，瓦当、勾头、滴水的背面便没有刻画的花纹，里面也是素面。

绿琉璃瓦

青瓦里面有制作过程留下的布纹，所以清代官称青瓦为“布瓦”。清代琉璃瓦、筒瓦、板瓦的里面有刻字印记。2000 年 12 月，天津市文物部门在维修李纯祠堂大殿揭瓦时，发现 10 片带文字印记的绿琉璃瓦。其中 8 片的印记分别为“雍正九年享殿”“内庭”“王府”及工匠姓名等，瓦头凸雕“盘龙戏珠”“飞龙戏珠”图案。李纯祠堂怎么会有王府的瓦件呢？再查找资料发现，李纯在 1916 年买下北京西城北太平仓的庄王府，拆下府内的砖、瓦、木、石构件运到天津组装修建祠堂。另外 2 片是“国营西镇琉璃瓦厂”印记，滴水瓦头为简单的环形如意。这是新中国成立后，李纯祠堂辟为“南开人民文化宫”时，维修瓦顶添补上去的。

总之，我们欣赏大屋顶瓦件，不仅能得到艺术享受，还可以获得许多历史文化信息和文物考古知识。宋代以来，金石学家和收藏家非常重视收藏、征集战国和秦汉瓦当，以及有刻字的勾头、滴水，其缘由就在这里。

天津蓟县独乐寺观音阁勾头莲花

独乐寺观音阁勾头（兽面）

独乐寺山门勾头（龙纹）

独乐寺山门勾头（花卉）

独乐寺山门勾头（荷莲）

独乐寺山门勾头（水莲荷）

独乐寺山门勾头（猫头）

独乐寺山门勾头（猫头）

天津李纯祠堂滴水（龙纹）

天津李纯祠堂滴水（环纹）

天津李纯祠堂勾头（龙纹）

天津李纯祠堂勾头（龙纹）

天津李纯祠堂瓦件铭刻

天津李纯祠堂瓦件戳记

（三）瓦钉和帽钉装饰

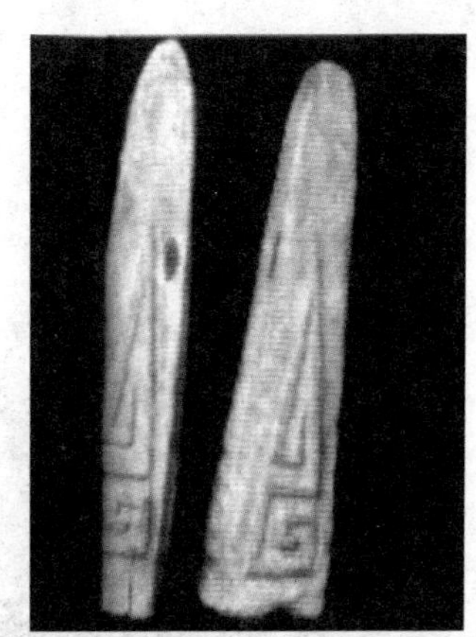
河北易县燕下都古城址出土的瓦钉

瓦钉和帽钉都是大屋顶檐头的装饰，在每垅筒瓦前端的勾头之上。其功能是用来固定勾头瓦的，防止其向下滑落。

瓦钉有三种类型：一种是与勾头瓦烧结在一起的，为瓦钉的初始形态。如陕西扶风召陈出土的西周大板瓦，瓦背的瓦钉有圆柱形，也有半环形。铺装这种带瓦钉的板瓦之后，再用绳索缠绕着瓦钉，将整块板瓦绑扎固定在屋面上。另一种是专门烧制的单体瓦钉，筒瓦或勾头后部瓦背预留穿孔，瓦钉插入穿孔固定瓦件。如河北易县燕下都古城址出土的瓦钉，为扁平长钉形，前尖后方，钉面刻饰尖三角纹和回纹。还有一种是骑跨型瓦钉，镂空瓦件骑跨在勾头之上，装饰效果强烈。如河北平山县灵寿故城（战国时期中山国都城）出土的瓦钉有两种：一种是镂空兵器造型，上部为“山”字形，山尖如同矛尖。下部中央有扁的瓦榫，可插入勾头的背孔中，两侧为内弧线形，可严丝合缝地骑跨在瓦背上；另一种更像镂空的斧钺，但在矛尖两侧作一对外卷的鸟头，圆眼尖嘴，别具一格。汉代以前的屋顶尚无吻兽和脊饰，这种造型的瓦钉，耸立在檐头上，是非常引人注目的。

河北平山县灵寿故城（战国中山国都城）出土的瓦钉

帽钉是铁钉上的瓦帽。铁钉比瓦钉结实耐用，但外露钉帽，经风吹雨淋容易锈蚀。在铁帽外套上二个瓦帽，既防水又美观。宋《营造法式》规定“其滴当火珠在檐头华头筒瓦之上”。说明宋代的帽钉称作“滴当火珠”，其形状如火珠。“华头筒瓦”，古代“华”与“花”通用，就是瓦当筒瓦。用现代词语表述就是，形如火珠的帽钉，在檐头的勾头瓦之上。

琉璃帽钉

明清时代，民间大型公共建筑的帽钉多为花朵形。皇家建筑为半圆形的琉璃帽钉，单个帽钉朴素无华，但在檐头形如串珠，就有群体美。

四、山面装饰

山面是屋顶的两个侧面。在中国古代建筑的各种类型大屋顶中，歇山顶、悬山顶和硬山顶的前后檐，从正脊到檐头的两坡中间，形成一个三角形空间，很像汉字古体的“山”字。在古代营造术语中，将三角形侧面叫“山面”，或称“两山”。

山面有透空型和封闭型两种。悬山顶是透空的，硬山顶是封闭的。歇山顶在明代以前是透空的，明代以后用砖、琉璃或木板封闭。山面多采用木雕或砖雕装饰，称作“山花”。

（一）博风板装饰

在悬山顶的两山，檩头伸出外墙皮，为保护檩头，钉上“人”字形的

天津玉皇阁山花

两块木板，宋代叫“搏风板”，意指与风雨搏斗，后人也叫“博缝板”。博风板要跟檩头钉牢，钉头外露容易锈蚀，故加半圆形铜帽，五个成组排列，形如梅瓣，叫梅花钉。梅花钉的数量，视檩头而定，少则五组，多则九组，是博风板上的装饰小品。博风板下有木雕悬鱼（亦称“垂鱼”）和惹草。悬鱼安装在博风板正中，木雕鱼形，向下垂悬，故名。博风板中垂悬鱼，是用来避火。《后汉书·公羊续传》另有一层用意：“府丞尝献其生鱼，续受

青瓦悬山顶山花悬鱼

山花砖雕

而悬于庭；丞后又进之，续乃出前所悬者，以杜其意。”汉代官员公羊真是廉洁奉公，下属府丞送给他生鱼，第一次接受，第二次就把生鱼悬在屋顶上，第三次再送时，公羊指着还悬垂在屋顶上的上次的鱼，表示今后要杜绝送鱼之事。所以山面饰悬鱼，又有主人自示清廉之意。惹草在悬鱼两侧，外形似三角形，看面木雕卷草和云纹。

硬山顶两山使用博风砖，由大方砖拼接而成。最下边一块砖叫博风头。一种是素面，另一种是砖雕。天津西青区杨柳青民居砖雕很有特色，硬山顶山墙博风头的砖雕非常精美，题材有“鱼跳龙门”“丹凤朝阳”等。丹凤朝阳是将博风头轮廓线必有圆形线脚刻出一个“日”字，丹凤轻翔其上，翘首迎向朝阳。博风山尖悬鱼的位置砖雕内容丰富多彩，如“福仙祝寿”“福寿绵长”“五福捧寿”等。还有在山尖上贴饰八角形面砖的，正中圆形，刻阴阳鱼，八角凸雕八卦图案，为外地少见。

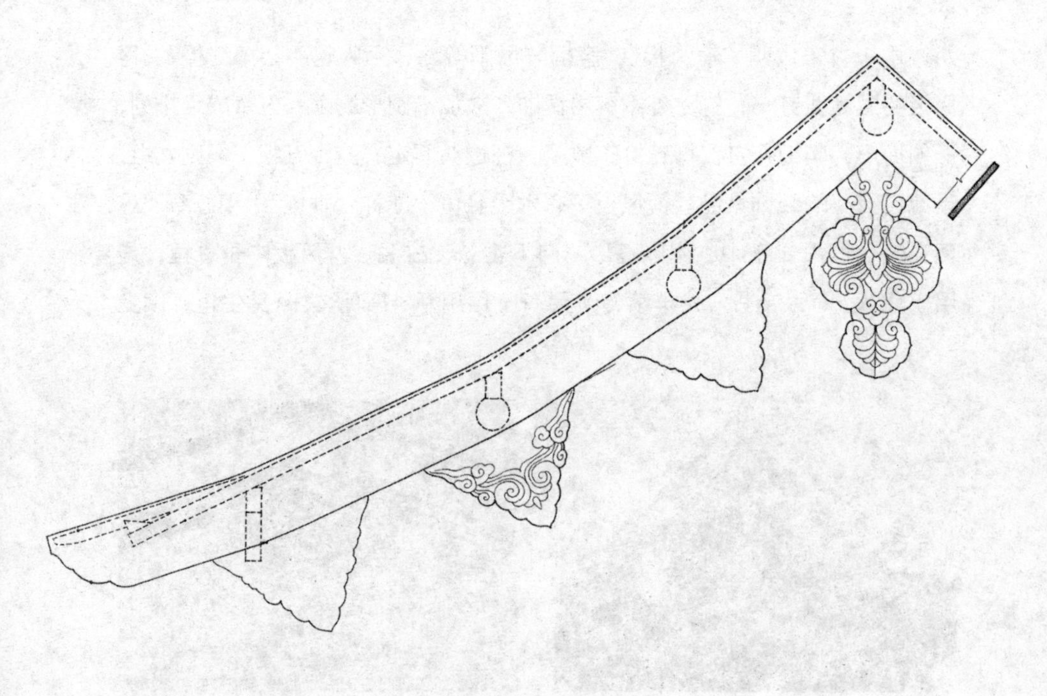

宋代《营造法式》博风板图

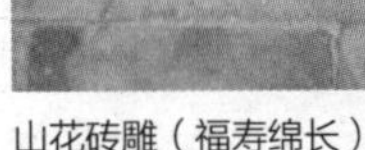
山花砖雕（福寿绵长）

山花砖雕（福寿绵长）

（二）山花

山花是博风板以下山面的花饰，分山花板和琉璃砖雕两种。

博风板下的三角形空间，用木板封护，称山花板。山花板看面装饰有素油漆和彩画贴金两种。后者纹饰有椀花和绶带。椀花是圆形的花饰，绶带系官印的丝带，二者有富贵和官运亨通之意。天安门城楼为重檐歇山顶，山花凸雕椀花绶带，外贴金箔，绶带飘舞，金碧辉煌。琉璃瓦歇山顶的山面用琉璃砖封护，称“小红山”，多饰象征富贵的花卉或坐龙。天津广东会馆正房为青瓦硬山顶，山面用青砖封护。山花为两组砖雕，上部菱形，以大朵梅花瓣作边饰，内雕凸起的牡丹花卉。下部六角形，用缠枝卷草为边框，内饰高浮雕盘龙祥云。此为清光绪年间常见的装饰纹样。

民居山面装饰除素面和砖雕外，还有大块几何形花饰垒砌的方法。如朝鲜族民居，正脊在山尖上竖立一块大板瓦，山面用回纹大砖作菱形垒砌，更显古朴大方。

北京天安门山花椀花绶带

吉林朝鲜族民居山花

（三）山头装饰

山头装饰多用在南方硬山顶建筑。将山墙的墙砖砌高，超过屋面数尺，山面出头，故名山头。南方统称“封火山墙”，其功能是防火。邻里若发生火灾，封火山墙可隔断火舌。

封火山墙的造型有阶梯式，称“五岳朝天”，有半圆的“拉弓墙”，形如满弓，还有猫拱头、纱帽头等。白墙黛瓦和形式多样的山头，与青山绿水辉映，构成江南民居淡雅清新的画卷。

五、顶棚装饰

中国古代建筑大屋顶内部装饰分两大类：一类是敞露型，屋顶内的梁架、檩、椽、望板都暴露在外，一览无余，称“彻上露明造”。这种做法，要求所有的木构件要刨光，然后油漆，高级建筑还要在梁枋上施以彩画；另一类是封闭型，屋顶内吊顶棚。顶棚装饰有三种：一种是素棚，用木条或秫秸绑扎成骨架，然后糊纸或钉木板。糊纸的多为弧形卷棚顶，南方园林建筑叫“卷”，有的称作“轩”。钉板的要高级一点，板面画一些水草；一种是天花；还有一种是藻井。天花、藻井是顶棚的高级装饰，用于宫殿和寺庙。

（一）天花

天花又名“承尘”,别名“仰尘”。宋《营造法式》称作“平棊”或“平暗”。《营造法式》卷八《小木作·平棊》注:“以方椽施板者，谓之平暗。”即以小方椽十字相交成小而密的方格，其上覆盖大块木板条，如独乐寺、佛光寺和应县木塔的平暗。明清天花的做法与宋式平棋不同，其支条的井口要比方椽格心大得多。每个井口方格之上，安置一块天花板，便于安装或摘取。背板设穿带加固，看面绘制彩画或粘贴纸画，内容有龙、凤、花鸟等。天花板是古建筑维修油饰的重点，每次大修，都要“焕然一新”。1985 年对天津天后宫进行落架大修时，在大殿的天花板背面发现 7 块墨书题，如

山西五台山佛光寺平暗

天津蓟县独乐寺观音阁平暗

“万历三十年六月二十五日重建”“大清国直隶天津左卫南斜街班口胡同居住重修”“……顺治十七年二月十六日重修”“后有重修年号，不可毁坏”等，都是新资料。天花板的正面表层布满黑灰烟尘，里面的地杖很厚，经多种方法，细心剥出四层彩画。第一层是纸画天花，“和平鸽”图案，为20世纪50年代粘贴上去的；第二层是彩绘单鹤图案，为清末绘制；第三层是彩绘坐龙图案，为清乾隆四十五年（1780年）修缮大殿时彩绘的；第四层是“双鹤领云”图案，在方形的天花板内，四个岔角作云形旋花图案，与清代的“岔角云”有明显差别。板心有红、绿、白、蓝四色。圆光底子是红丹色，飞翔的双鹤是白蓝色，云朵为绿色。为今人提供了明清寺庙天花板图色的序列标本。

（二）藻井

在平顶天花的中部，安装穹窿状的小顶棚，由方格天花垒叠成型，每一方格为一井，井内饰以雕刻、彩画，故名藻井。藻井用于重要建筑最尊贵的地方，如帝王宝座上方或寺庙佛像顶部。早年藻井形制简单朴素。宋《营造法式》小木作规定有“斗八藻井”和用斗栱垒砌等做法。独乐寺观音阁尚存最早的“斗八藻井”实例。在阁内顶层正对观音头顶处，开一八角形井口，8个角均向上安装一根小角梁（学名“阳马”），与井口的边梁构成8个同一顶点的长三角边框。每个边框内，由小椽条组成倒三角网格，最下层小三角格9个，每向上一层递减一个，共9层，最上层是1个。与四周的天花平棋呼应，反映出藻井小木作制作工艺

天津蓟县独乐寺观音阁斗八藻井

水平。明清藻井日趋复杂华丽，往往以方形、多角形或圆形井口层层套叠，井筒饰变形斗栱，精工细作，富丽堂皇。

北京紫禁城太和殿藻井，在殿内天花的中央，皇帝宝座的前上方。造型上圆下方，通高 1.8 米，分下、中、上三层做法：下层井口方形，筒壁饰异形斗栱；中层结构复杂，外圈为方形井口，四角井置抹角枋，另连接抹角枋中点为菱形井枋和方井枋，构成八角星式井框，井框内均砌异形斗栱；上层为圆形井口，筒壁砌斗栱承托穹顶，顶中心透雕巨龙，俯首而视。口衔下垂的宝珠，一大六小，呈众星捧月状。藻井框壁饰两色黄金，与银白色宝珠辉映，彰显出皇宫的雍容华贵、至高无上的气派。

藻井还应用在古典戏楼的舞台上，演员唱戏时起回音罩作用。如天津广东会馆戏楼，舞台为伸出式，三面朝向观众，上方为吊顶。顶棚高悬空中，下部为方形大边框，圆形井口，井壁作异形斗栱接榫垒砌，螺旋而上，造型别致。江苏苏州戏楼的舞台藻井亦为外方内圆形式，因为是露天舞台，多出外檐的额枋的方形边框，内壁饰木雕斗栱。天津李纯祠堂也是庭院露天戏楼，砖石砌筑，两侧石阶五级，便于上下戏台，台口立红漆明柱，下

北京紫禁城御花园澄瑞亭藻井

北京北海公园五龙亭藻井

北京紫禁城太和殿藻井

部做木制栏杆，上部置倒挂楣子，青瓦卷棚歇山顶。舞台正中为半圆穹窿式藻井，井内高浮雕“五龙云海”图案。1916 年李纯将北京庄王府戏楼迁建于此。

天津广东会馆戏台

天津广东会馆戏台藻井

天津李纯祠堂戏楼

六、色彩

中国古代建筑的屋顶装饰除造型之外，另一重要因素就是色彩。古代中国不同朝代、不同身份的人，使用的颜色是截然不同的。《礼记·檀弓》有“夏后氏尚黑”“殷人尚白”“周人尚赤”的记载。柱子涂色要依照等级礼制:“礼楹，天子丹，诸侯黝垩，大夫苍，士黈”。周代以后，又有秦尚黑，汉尚赤之说。

色彩不是单一的。颜色要“明贵贱,辨等级”,众多色彩又如何区分呢?中国古代自西周开始,就有正色与非正色（间色）的说法。正色是青、赤、黄、白、黑五色。间色是红（淡赤）、紫、缥、绀、硫黄五种。正色的等级高于间色。天子的建筑装饰以及衣冠、旌旗、车辆、武器等必须涂正色，不能用间色。如朱砂为赤，石青为青，就将这些矿物色直接涂上去，不用染色或油漆。朱砂成为贵重装饰颜料的做法一直沿用到明清时期，是“正色为尊”礼制理念的体现。

（一）琉璃瓦的色彩

琉璃又称“流离”，是一种由二氧化矽及其他金属矿物质混合烧制的材料。汉代有西域出流离的记载，《汉书》颜师古注称：“大秦国出赤、白、黑、黄、青、绿、缥、绀、红、紫十种流离。”汉代还有矽璃一说。《西京杂记》载，琉璃是极珍贵的材料，汉高祖刘邦斩白蛇剑的剑匣，用五色琉璃装饰；汉宫昭阳殿用琉璃作窗扉和屏风。

琉璃瓦是以陶为胎，外面涂一层薄而细密的琉璃釉再入窑烧成。琉璃瓦作为高级的屋面材料，始于北魏。《魏书·西域传·大月氏国》：“世祖时，其国人商贩京师，自云能铸石为五色琉璃。于是采矿山中，于京师铸之。既成，光泽乃美于西方来者。乃诏为行殿，容百余人。光色映彻，观者见之，莫不惊骇，以为神明所作。自此中国琉璃遂贱，人不复珍之。”唐代琉

琉璃垂脊垂兽

璃瓦顶增多，为琉璃瓦剪边做法。杜甫有“碧瓦朱甍照城郭”的赞美诗句。宋、元、明、清以来，琉璃瓦成为尊贵的屋面用材，只能在皇家建筑和寺庙使用，用色也有严格规定。如清代对琉璃颜色的规定，常用者有黄、绿、黑、蓝、青、紫、翡翠等色。宫殿、门庑、陵庙覆黄琉璃瓦，府第如亲王府正门、寝殿均用绿色琉璃瓦。世子、郡王、贝勒等府同。公侯以下官民房屋无琉璃瓦。在苑囿游观等殿阁屋面上，可用数种颜色，如紫、蓝、白、绿、翠等色彩。

中国古代皇家园林的营造，可上溯到商代的苑囿和西周的灵囿，利用自然山水林木，挖池筑台，供天子狩猎游乐，是为中国古典自然山水园的初始形态。宋徽宗在汴京修建艮岳，曾规划出峰岭、林木、田园、溪谷和庙观等不同景区，此后的皇家园林则多循此法。庙观的亭、台、楼、阁成为御园中的重要组成部分。清代皇家园林分布在北京和承德。北京的紫禁城内就有 4 座，计有御花园、慈宁宫花园、建福宫花园和宁寿宫花园（又称乾隆花园）。每座花园都有亭、殿、楼、阁 10 至 20 座，屋顶覆盖的琉璃瓦色彩多样，除黄琉璃外，还有绿琉璃瓦，黄、绿琉璃剪边，黄、绿、蓝、紫、翠五色琉璃。

北京颐和园是中国著名的皇家园林。在万寿山之巅，耸立着一座五彩琉璃建筑——智慧海，是两层拱券式砖结构无梁殿。殿顶为绿瓦黄剪边，殿壁镶嵌千余尊佛像，均用五彩琉璃装饰，图案精美，色彩绚丽。殿前为“众香界”牌坊券门，额枋和华板亦用五彩琉璃铺装。

山西广胜寺飞虹塔是一座著名的琉璃塔。飞虹塔在山西洪洞县广胜寺。据碑碣记载，塔始建于汉代，元大德七年（1303 年）毁于地震，明嘉靖六年（1527 年）重建。

飞虹塔为仿木结构楼阁式琉璃砖塔，八角十三层，高 47 米。塔刹为金刚宝座式，由中央大塔和四角小塔构成。但五座塔均为喇嘛塔形，大塔特高，小塔矮小，为外地少见。塔身内部由青砖砌筑，外部用各色琉璃包镶。所有仿木构件和装饰均为彩色琉璃，如佛像、菩萨、金刚力士、盘龙、鸟兽及各种植物花纹等。保存完整，鲜艳如新，好似飞虹。

北京颐和园“众香界”琉璃牌楼

山西洪洞广胜寺飞虹塔细部

北京天坛祈年殿由三色改变为单色琉璃瓦顶。祈年殿无论从造型还是色彩都可以称为中国古代建筑的经典。但它是几经改变形成的。

祈年殿始建于明永乐十八年（1420 年），初名大祀殿，用于天地合祀。祭祀天地起源很早，在中国历史上第一个王朝——夏代就有祭天活动。祭天是帝王的特权，同时求雨祈丰年。帝王登极（基）必祭天，每年冬至也要祭天，诸侯只能祭土。明嘉靖九年（1530 年）定天地分祀，15 年后在大祀殿原址重建祈谷殿，为圆形三重檐攒尖顶。三重檐均为琉璃瓦，采用三种不同的颜色，上檐青（蓝）色，中檐黄色，下檐绿色。清乾隆十六年（1751 年）又有所改建，并将瓦面的三色全部改变为青色，命名为祈年殿。乾隆的这一改建使祈年殿琉璃瓦色彩更加纯净，造型稳重典雅，与冥冥青天和谐呼应，体现出琉璃瓦的单色美。

北京天坛祈年殿

北京天坛祈年殿檐顶

（二）贵州侗寨鼓楼的彩塑和彩画

侗寨鼓楼主要集中在贵州省东南部黎平、从江、榕江侗族聚居区。鼓楼与风雨桥同列为中国古代建筑民族文化的瑰宝。

侗寨鼓楼是侗族地区的多功能公共建筑，从古代一直沿袭到现在。鼓楼是有鼓的高楼，楼内最高处悬挂长鼓，一般鼓长 1.8 米左右，两面蒙鼓皮，遇事击鼓报信。击鼓报信有报警报喜之分，村民可从鼓声的大小、急缓、点数得知是警是喜。鼓楼是村民议事、记事的厅堂。村民们在鼓楼内商议全村大事，议定通过之后，要勒石刻碑，收藏鼓内，恪守遵行。鼓楼又是侗寨文化娱乐中心：逢年过节，吉日喜乐，男女老少聚集在鼓楼内外对唱“大歌”，各寨集体“踩歌堂”。

侗寨鼓楼是密檐塔式楼阁，平面有四边形、六边形和八边形三种。立面有三重檐、五重檐直至十五重檐七种（檐数为单数、奇数）。木结构、青瓦屋面。柱、梁、斗栱、额枋均采用当地盛产的杉木制作，穿斗榫卯，天衣无缝。檐口和屋面用彩画和彩塑装饰。檐口彩画的主要内容是花鸟鱼虫和几何图案。檐角、瓦面和楼顶多为飞禽走兽和人物故事，如檐角饰鱼吻，屋面饰走龙，屋顶饰凤鸟、“三龙抢宝”等。

贵州从江高增鼓楼皮鼓

贵州侗寨鼓楼

贵州从江增冲鼓楼

修建中的贵州榕江归柳鼓楼木构架

贵州从江则里鼓楼脊饰

贵州黎平肇兴智寨鼓楼脊饰

贵州黎平肇兴信寨鼓楼脊饰

贵州黎平纪堂鼓楼檐口装饰

贵州黎平肇兴智寨鼓楼彩塑和彩绘

贵州侗寨黎平肇兴智寨鼓楼

维 | 护 | 篇

古代建筑作为历史文化遗产，是不能重新产生和制作的。古建筑不仅有着优美的外形和特定的历史风貌，而且包含许多动人的传说故事和典籍。这就是人们常说的，古建筑是物质和非物质文化遗产的载体，具有很高的历史、科学和艺术价值。因此，古建筑屋顶的保护，就不单是保护一座建筑，而是保护与之共生、共存的群体和环境。

中国古代建筑非常注重群体布局和自然环境。简言之，群体布局就是四合院，由正房、配房、门房（倒座）围合的庭院。一个四合院不能满足需要时，就向纵深发展，成为二进、三进乃至多进四合院。如果两侧有空地，就横向扩展，建成拥有中路、东路和西路的四合套。民居如此，祠堂、寺庙、宫殿也是这样。北京紫禁城，是世界著名的五大皇宫之一（另外四座是法国凡尔赛宫、英国白金汉宫、俄罗斯克里姆林宫、美国华盛顿白宫），也是世界上规模最大的宫殿建筑群。紫禁城占地 72 万平方米，房屋 9000 多间，也是由大大小小的四合院组成的。紫禁城通过建筑体量大小和屋顶构成的变化，运用既有节奏又有变化的空间组合，达到总体布局和谐统一，是世界文化遗产的经典之作。

中国古典园林崇尚自然，保护环境。运用山水、植物和建筑造园，采取借景、映衬、虚实、对比等多种手段，扩大自然景观，营造众多的自然山水园。无论是皇家苑囿，还是私家园林，都力求达到“虽由人作，宛自天成”的艺术效果。山水成为自然山水园的命脉。早在两千多年前，孔子就把山水与人的品格联系起来。他在《论语·雍也》中称“智者乐水，仁者乐山”，是说智者乐于运用其才智以治世，如流水而不知穷尽；仁者乐于如山之安固，自然不动而万物滋生。孔夫子的保护自然，利用山水的论述，同当代世界倡导的保护生态环境理念是完全一致的，应当成为保护文化遗产原始生态环境的指导思想。

大屋顶建筑的保护是一项综合工程，包括管理和技术两大层面。管理方面，首先要做好建筑本体的保护，概括起来叫作“四有”：一有科学记录档案。内容包括表格、文字记录、文献摘抄、照片、拓本、音像光盘和实测图纸等。其中最重要的是实测图，一旦古建遭受破坏，可依据图纸进行修葺或复原。二有标识说明。是指镶嵌在古建筑外面的标牌或单独的碑记。以利用标牌说明保护价值，扩大宣传效果。三有保护范围。应划定“绝对保护”和“控制建设”里外两圈。里圈划在建筑群体的院墙以内，不得进行其他建设工程。外圈在建筑群坐落的街道、里坊之外，即建设控制地带。圈内控制楼房建设，要“不洋、不红、不高”，不得建设有害工业厂房，不得竖立高大烟囱，保持原有的环境风貌。四有人管理。可视古建筑的价值和当地条件采用不同办法。成立专门的博物馆、纪念馆最好；没有条件的可建立保护小组，成员包括当地文化、城建人员和城乡、社区的志愿者。古建筑保护要作好保护规划，纳入城乡规划建设。从城乡建设管理的层面上，加强古代建筑的保护和利用。

维修是保护古建筑的重要措施，是为了保持古建筑的真实性和完整性。如果修缮不当，就会好心办坏事。如青砖墙面有些碱蚀，就刷上一层新涂料；屋顶漏雨，拿水泥来修补；椽、檩糟朽，换成钢筋铁管等，把一座真古建，修成假古董。这是一种“建设性破坏”，损失十分惨重。因此，古建筑维修必须遵守不改变原状的原则，做好“四个保存”，即保存建筑的原有形制、结构、材料和工艺。提倡保养为主，维修为辅。这好比人体疾病的防、治关系。保养就是防止损坏，保养得好，就可以“延年益寿”。

一、日常保养

大屋顶的日常保养，包括屋面清扫、树枝修剪和拔草勾抹。

（一）屋面清扫

屋面清扫是对瓦垄和天沟的经常清扫。大屋顶以筒瓦和板瓦覆盖，筒、板之间存在很长的瓦垄。勾连搭建筑瓦檐之间有低于屋面的天沟。瓦垄和天沟里易积存尘土、树叶和随风飞来的草籽等杂物。这些杂物如不及时清除，不仅阻碍雨水流通，导致屋顶渗水，还会滋生杂草树木。因此，屋面每年至少需清扫一次，时间在初春最适宜。

（二）树枝修剪

为美化环境，古建筑的旁边，常常栽植一些树木。有些百年甚至千年老树，姿态很美，是古建筑很好的陪衬。但老树的树枝在大风中常扫掉檐头瓦件，危及游人安全，秋风扫落叶时，叶片又会积满屋顶，因此对影响建筑安全的树枝，要每年修剪一次。如果是近年种植的树木，距离台基5米以内的，要连根清除，移植到较远的地方。

（三）拔草勾抹

如果屋面清扫不细，屋顶就会长出杂草和小树。人工清除草木，要求连根拔除。拔草是粗活，看似简单，其实里边还真有学问。例如，拔草的时间就很重要。如果在深秋上房拔草，草籽已经熟透了，虽然是连根拔除，成熟的草籽一碰就掉到已经松动的瓦垄中，等于在播种草籽，转年春天定会长出新草。北京有句谚语：“立秋十八日，寸草生籽。”所以，拔草时间一定要在立秋前才好。草木连根拔除，瓦垄、底灰松动的地方，必须及时用新灰勾抹严实。

二、揭宽补漏

揭宽补漏是最常见的瓦顶维修工程。发现瓦顶漏雨，要及时修补。因为在揭宽时会对瓦件有所伤害，故工程范围要尽量缩小，能局部揭宽的，就不全部揭宽。

（一）揭瓦

揭瓦之前，要作好现状记录，包括瓦顶的式样、做法、质地、尺寸和数量、残损情况，估计出需按原样添配瓦件的数量。揭瓦从檐头开始，大型瓦件如大吻、正脊、垂兽、垂脊和脊兽等要编好序号后再拆卸。运输瓦件,过去的土办法是“溜瓦”,先用三块长板或两根杉槁从檐口至地面构成“溜筒”，再将瓦件从屋顶顺溜到地面。此法损伤瓦件过多，已禁止使用。现在使用卷扬机等吊装设备或人工搬运。运到地面的瓦件，先用小铲轻轻除去表面上的灰迹，擦抹干净，俗称“剔灰擦抹”。然后分类编号，码放整齐。屋顶上还有一道工序是铲除瓦下的灰背。灰背之下就是望板了，有的屋顶在望板之上铺一层苇席，承接泥背。

天津文庙维修瓦顶

（二）宽瓦

宽瓦之前先在望板上作苫背。苫背分三层，第一层为护板灰，第二层是泥背，第三层为青灰背。宽瓦先找出中距，先宽两垄板瓦，板瓦叠压很密，一般要求是“压七露三”，即上边的板瓦压住下边板瓦的十分之七，下边的板瓦外露十分之三。在一垄板瓦中，头、尾的疏密也不相同。因为屋面有曲线，靠檐头平缓些，瓦件疏朗；离近正脊陡峭，瓦件紧密，称作“稀宼檐头，密宼脊”。您瞧，大屋顶的优美曲线真是来之不易，内部构架有举架的计算，外部宼瓦需要特殊工艺。两垄板瓦宼好后，再骑缝宼筒瓦。最后将筒瓦之间的缝隙勾严，并将筒瓦两侧与板瓦之间的缝隙抹实，称作“捉节夹垄”。

三、梁架修理

古代建筑由于年久失修，遭遇地震等灾害，梁架会发生糟朽、下沉和歪闪，需要修理。古代匠师不用大拆大改，而是采用巧妙的简便易行的手艺：“打牮拨正”和“偷梁换柱”。

（一）打牮拨正

打牮是将下沉的构件抬平；拨正是把左右歪闪倾斜的构件扶正。古文献叫作“扶荐”，“牮”与“荐”为同音字，含义同于打牮拨正。清工部《工程做法则例》称作“不拆头仃、搬罾、挑牮拨正，归安榫木”。“头仃”是顶部的梁架，“搬罾”是起重、吊拉的动作。这段文字把打牮拨正细化为操作程序，不用拆掉上边的梁架，就可以像起重吊拉那样，挑抬构件，拨正归安好榫木。在《古今图书集成·考工典》中，记录下一段传说故事，正好说明了这种巧妙的工艺：话说大唐王朝，在“上有天堂，下有苏杭”的苏州，香火旺盛的重元寺，人来人往好像赶集一样。寺内高阁檐牙三重，登阁远眺，城内美景一览无余，是游客必往之地。一日，阁东南檐角忽然下沉，危在旦夕。寺住持僧急张贴布告，求修缮良策，当地木厂均开价需钱数千贯。恰巧有游僧见状，对住持说：“不必麻烦别人，我自有办法。只是请人为我砍制数十个木楔，就可将阁角校好。”寺住持照办。游僧每天吃过早餐，便拿着木楔登阁，只听见敲打声不断，不到一个月，阁便全然抬平扶正了。游僧使用的就是打牮拨正法。

天津天后宫大修

（二）偷梁换柱

当木结构建筑的大木构架中，某一根梁或柱子残损了需要更换时，不用拆除上面荷载，采用巧妙的个别抽换办法整修，就好像把残损的梁柱偷换成新的好梁柱。许多民间传说都是赞扬当地的能工巧匠的技艺多么高超，但无具体操作技术说明。在古建筑维修工程中,发现过不少偷梁换柱的实例，如 1959 年山西永乐宫迁建工程中，发现三清殿的东南角柱和西北角柱，都是经过“偷换”的。在角柱的根部，都有一道宽 12 厘米的铁箍，打开铁箍，发现柱根被锯成高 9 厘米的斜面，并用一块硬木垫平，成一根完整的木柱。具体操作应当是：先支顶好二根立牮杆，顶牢梁枋，撤掉残损的柱子，将新柱根砍成斜面，先把柱头十字榫插进梁枋，再慢慢扶正新柱，柱根斜面向里，垫好硬木块，用铁箍钉牢。这是不动柱础，不拆梁架，省工、省时的换柱技术。

四、落架大修

落架大修是将古建筑的屋顶、梁架拆落下来，进行修理，再按原样归安、组装的修复工程。由于在拆落中或多或少会对原构件造成损伤，故提倡以少拆为佳，可以半落架的，就不作全部落架。近年，国家文物局对天津蓟县独乐寺进行落架大修，取得不少宝贵经验。

（一）优选大修方案

建筑学家梁思成先生在 1932 年调查、发现独乐寺时，就提出过保护维修方案。1984 年独乐寺重建 1000 周年纪念学术研讨会上，专家们提出，独乐寺历经千年风雨和 28 次地震，现已存在结构变形，木柱梁架歪闪倾斜，斗栱木件酥裂糟朽等重大隐患，应该进行保护大修了。随后即开始长达 5 年的建筑变形和动力特性观测，获取了大量科学数据。1990 年国家文物局决定将独乐寺作为国家重点工程进行大修。经中国专家、日本专家和联合国教科文组织的专家现场考察和多次论证，提出三套维修方案。一种是观音阁整体不动，对隐患部位作钢件加固。这样虽不伤筋动骨，但只能治标，不能治本，是一种保守疗法；一种是将大阁全部解体落架，修补后归安组装。此法虽可彻底清除病灶，但在解体中会对下层壁画有伤害；还有一种是半落架。把大阁屋顶和头层屋檐拆落，梁架、斗栱拆解到中层，以利于保护下层壁画。但要解决好为大佛松绑和下层柱头拨正两大难题。经反复论证、筛选，最终确定采用第三方案。

（二）建立科学档案

首先，在半落架之前，要对建筑、塑像、壁画等文物资料，做好现状记录。除文字外，还要有照片、录像、勘察测绘图纸。其次，为熟悉观音阁和山门的形制、结构和构件尺寸，还专门由领班木工，严格按照 1:20 的比例，制作了山门和观音阁的建筑木制模型。请泥塑技师制作了观音大佛、胁侍菩萨和哼哈二将的彩塑模型。再次，在大修的全过程中，都要作好科学记录。最后，大修完毕，要及时绘制竣工图，纳入档案。

（三）落架不落地

采用半落架方案，观音大佛和下层的木架和壁画，就会暴露在外。必须搭设高大的保护棚架，把观音阁罩起来，在大棚内施工。但是搭保护棚不可焊接明火作业，于是就同钢管、扣件的脚手架结合起来搭设，为使棚架牢固，加设承重钢管和前后两边的双层工作平台。这样不仅妥善保护了塑像、壁画和木件，还可把拆落的大木构件就近吊装在承重钢管上，天花、藻井、门窗和斗栱,亦可放置在前后工作平台修理。这样做不仅省工、省力，还减少了文物构件落地保存多次搬动造成的损伤，创造了古建落架大修“落架不落地”的施工模式。

（四）为大佛松绑

在观音阁内，耸立着 16 米高的彩塑观音像。大佛全身微向前倾，使人们在下层能够观其面容，这是观音阁设计的独到之处。清乾隆年间，为防止大佛因地震向前倾倒，在其胸部和腰部各加一道铁箍，用铁拉杆固定在身后的上层柱根和中层木枋上。1976 年唐山大地震时，大佛上层铁箍被震断，拉杆脱落。此次大修，观音阁要解体落架到中层，大佛要彻底松绑。松绑后的观音大佛能独自站立吗？为保障大佛安全，特设计安置了两套安全带，固定在承重架上。并在大佛的胸前、足下装设千分表和垂球，以随时观察是否有细微变化。结果是大阁安全拆落，大佛安然无恙。

（五）尽量保留原件

独乐寺建筑上的原件，承载着丰富的历史信息，如果在大修中更换成新件，它的文物价值就完全丧失了。所以必须千方百计、尽量多地保留原构件和原材料。在施工中，工作人员像装裱字画、修复铜器那样，把每一

天津蓟县独乐寺施工保护棚架

天津蓟县独乐寺施工为构件编号

天津蓟县独乐寺施工为木材防腐“打点滴”

天津蓟县独乐寺施工修补角梁

件瓦木构件都当作文物去爱护，细心地绘图编号。对于糟朽、残损的原件，只要不是危及建筑安全的，就不更换。而是用挖补、拼接、粘贴、灌注环氧树脂，以及为木材输入防腐、防虫药液等办法修补增壮。损坏严重无法再用的构件，也要用原材质、原工艺制作。为此，工程人员两进东北深山老林选购特级红松原木。观音阁硕大的斗栱是榆木制作的，有的大斗被挤压变形酥裂，必须更换。施工人员遍访蓟县村户，挑选出直径 50 厘米的榆木三十多棵，经一年水池浸泡，再自然风干后才使用。内外檐装修和油漆彩画不搞“焕然一新”，而是整旧如故，保持千年古刹的古朴风貌。

已故著名古建筑专家罗哲文先生生前曾深情地说，对独乐寺进行大修，是梁思成、杨廷宝等老一辈建筑学家几十年的夙愿。如今，这个愿望终于实现了。罗老评价：千年独乐寺的千年保护大修，已经达到了“庄严依旧，风韵长存”的艺术境界，是古建筑修缮的模范工程。